上海市职业教育"十四五"规划教材

世界技能大赛项目转化系列教材

信息网络布线

Information Network Cabling

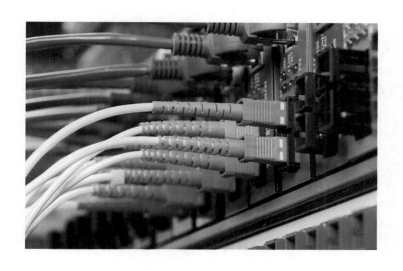

主　编◎贾　璐　彭雪海

华东师范大学出版社

·上海·

图书在版编目(CIP)数据

信息网络布线/贾璐,彭雪海主编. —上海:华东师范大学出版社,2022

ISBN 978 - 7 - 5760 - 3108 - 9

Ⅰ.①信… Ⅱ.①贾…②彭… Ⅲ.①信息网络—布线—高等职业教育—教材 Ⅳ.①TP393.033

中国版本图书馆 CIP 数据核字(2022)第 142920 号

信息网络布线

主　　编　贾　璐　彭雪海
责任编辑　蒋梦婷
审读编辑　刘　雪
责任校对　时东明　李琳琳
装帧设计　庄玉侠

出版发行　华东师范大学出版社
社　　址　上海市中山北路 3663 号　邮编 200062
网　　址　www.ecnupress.com.cn
电　　话　021 - 60821666　行政传真 021 - 62572105
客服电话　021 - 62865537　门市(邮购)电话 021 - 62869887
地　　址　上海市中山北路 3663 号华东师范大学校内先锋路口
网　　店　http://hdsdcbs.tmall.com

印 刷 者　上海昌鑫龙印务有限公司
开　　本　787 毫米 × 1092 毫米　1/16
印　　张　20.5
字　　数　373 千字
版　　次　2022 年 8 月第 1 版
印　　次　2022 年 8 月第 1 次
书　　号　ISBN 978 - 7 - 5760 - 3108 - 9
定　　价　49.00 元

出 版 人　王　焰

世界技能大赛项目转化系列教材
编委会

主　任：毛丽娟　张　岚

副主任：马建超　杨武星　纪明泽　孙兴旺

委　员：（以姓氏笔划为序）

马　骏　卞建鸿　朱建柳　沈　勤　张伟罡

陈　斌　林明晖　周　健　周卫民　赵　坚

徐　辉　唐红梅　黄　蕾　谭移民

序

　　世界技能大赛是世界上规模最大、影响力最为广泛的国际性职业技能竞赛,它由世界技能组织主办,以促进世界范围的技能发展为宗旨,代表职业技能发展的世界先进水平,被誉为"世界技能奥林匹克"。随着各国对技能人才的高度重视和赛事影响不断扩大,世界技能大赛的参赛人数、参赛国家和地区数量、比赛项目等都逐届增加,特别是进入21世纪以来,增幅更加明显,到第45届世界技能大赛赛项已增加到六大领域56个项目。目前,世界技能大赛已成为世界各国和地区展示职业技能水平、交流技能训练经验、开展职业教育与培训合作的重要国际平台。

　　习近平总书记对全国职业教育工作作出重要指示,强调加快构建现代职业教育体系,培养更多高素质技术技能人才、能工巧匠、大国工匠。技能是强国之基、立国之本。为了贯彻落实习近平总书记对职业教育工作的重要指示精神,大力弘扬工匠精神,加快培养高素质技术技能人才,上海市教育委员会、上海市人力资源和社会保障局经过研究决定,选取移动机器人等13个世赛项目,组建校企联合编写团队,编写体现世赛先进理念和要求的教材(以下简称"世赛转化教材"),作为职业院校专业教学的拓展或补充教材。

　　世赛转化教材是上海职业教育主动对接国际先进水平的重要举措,是落实"岗课赛证"综合育人、以赛促教、以赛促学的有益探索。上海市教育委员会教学研究室成立了世赛转化教材研究团队,由谭移民老师负责教材总体设计和协调工作,在教材编写理念、转化路径、教材结构和呈现形式等方面,努力创新,较好体现了世赛转化教材应有的特点。世赛转化教材编写过程中,各编写组遵循以下两条原则。

　　原则一,借鉴世赛先进理念,融入世赛先进标准。一项大型赛事,特别是世界技能大赛这样的国际性赛事,无疑有许多先进的东西值得学习借鉴。把世赛项目转化为教材,不是简单照搬世赛的内容,而是要结合我国行业发展和职业院校教学实际,合理吸收,更好地服务于技术技能型人才培养。梳理、分析世界技能大赛相关赛项技术文件,弄清楚哪些是值得学习借鉴的,哪些是可以转化到教材中的,这是世赛转化教材编写的前提。每个世赛项目都体现出较强的综合性,且反映了真实工作情景中的典型任务要求,注重考查参赛选手运用知识解决实际问题的综合职业能力和必备的职业素养,其中相关技能标准、规范具有广泛的代表性和先进性。世赛转化教材编写团队在这方面都做了大量的前期工作,梳理出符合我国国情、值得职业院校学生学习借鉴的内容,以此作为世赛转化教材编写的重要依据。

原则二,遵循职业教育教学规律,体现技能形成特点。教材是师生开展教学活动的主要参考材料,教材内容体系与内容组织方式要符合教学规律。每个世赛项目有一套完整的比赛文件,它是按比赛要求与流程制定的,其设置的模块和任务不适合照搬到教材中。为了便于学生学习和掌握,在教材转化过程中,须按照职业院校专业教学规律,特别是技能形成的规律与特点,对梳理出来的世赛先进技能标准与规范进行分解,形成一个从易到难、从简单到综合的结构化技能阶梯,即职业技能的"学程化"。然后根据技能学习的需要,选取必需的理论知识,设计典型情景任务,让学生在完成任务的过程中做中学。

编写世赛转化教材也是上海职业教育积极推进"三教"改革的一次有益尝试。教材是落实立德树人、弘扬工匠精神、实现技术技能型人才培养目标的重要载体,教材改革是当前职业教育改革的重点领域,各编写组以世赛转化教材编写为契机,遵循职业教育教材改革规律,在职业教育教材编写理念、内容体系、单元结构和呈现形式等方面,进行了有益探索,主要体现在以下几方面。

1. 强化教材育人功能

在将世赛技能标准与规范转化为教材的过程中,坚持以习近平新时代中国特色社会主义思想为指导,牢牢把准教材的政治立场、政治方向,把握正确的价值导向。教材编写需要选取大量的素材,如典型任务与案例、材料与设备、软件与平台,以及与之相关的资讯、图片、视频等,选取教材素材时,坚定"四个自信",明确规定各教材编写组,要从相关行业企业中选取典型的鲜活素材,体现我国新发展阶段经济社会高质量发展的成果,并结合具体内容,弘扬精益求精的工匠精神和劳模精神,有机融入中华优秀传统文化的元素。

2. 突出以学为中心的教材结构设计

教材编写理念决定教材编写的思路、结构的设计和内容的组织方式。为了让教材更符合职业院校学生的特点,我们提出了"学为中心、任务引领"的总体编写理念,以典型情景任务为载体,根据学生完成任务的过程设计学习过程,根据学习过程设计教材的单元结构,在教材中搭建起学习活动的基本框架。为此,研究团队将世赛转化教材的单元结构设计为情景任务、思路与方法、活动、总结评价、拓展学习、思考与练习等几个部分,体现学生在任务引领下的学习过程与规律。为了使教材更符合职业院校学生的学习特点,在内容的呈现方式和教材版式等方面也尝试一些创新。

3. 体现教材内容的综合性

世赛转化教材不同于一般专业教材按某一学科或某一课程编写教材的思路,而是注重教材内容的跨课程、跨学科、跨专业的统整。每本世赛转化教材都体现了相应赛项的综合任务要求,突出学生在真实情景中运用专业知识解决实际问题的综合职业能力,既有对操作技能的高标准,也有对职业素养的高要求。世赛转化教材的编写为职业院校开设专业综合课程、综合实训,以及编写相应教材提供参考。

4. 注重启发学生思考与创新

　　教材不仅应呈现学生要学的专业知识与技能,好的教材还要能启发学生思考,激发学生创新思维。学会做事、学会思考、学会创新是职业教育始终坚持的目标。在世赛转化教材中,新设了"思路与方法"栏目,针对要完成的任务设计阶梯式问题,提供分析问题的角度、方法及思路,运用理论知识,引导学生学会思考与分析,以便将来面对新任务时有能力确定工作思路与方法;还在教材版面设计中设置留白处,结合学习的内容,设计"提示""想一想"等栏目,起点拨、引导作用,让学生在阅读教材的过程中,带着问题学习,在做中思考;设计"拓展学习"栏目,让学生学会举一反三,尝试迁移与创新,满足不同层次学生的学习需要。

　　世赛转化教材体现的是世赛先进技能标准与规范,且有很强的综合性,职业院校可在完成主要专业课程的教学后,在专业综合实训或岗位实践的教学中,使用这些教材,作为专业教学的拓展和补充,以提高人才培养质量,也可作为相关行业职工技能培训教材。

编委会

2022 年 5 月

前　言

一、世界技能大赛信息网络布线赛项简介

信息网络布线(Information Network Cabling)是世界技能大赛首批比赛项目之一,编号02,属于信息和通信技术大类。中国在 2010 年加入世界技能组织,于 2013 年第 42 届世界技能大赛第一次参加信息网络布线比赛。信息网络布线项目是指利用广域网(WAN)、局域网(LAN)、有线电视(CATV)、智能家居/办公应用无线网络等通信网络技术,根据比赛要求和现场提供的设备材料,按照行业标准完成结构化布线设计、施工、安装、测试、维护以及无线设备调试等比赛内容的竞赛项目。

信息网络布线项目比赛赛程为 4 天,累计比赛时间约 15.5 小时。该比赛共设置建筑群光缆布线系统、楼宇结构化布线系统、智能家居/办公应用安装与调试、光纤熔接速度测试、铜缆和光纤布线的故障排除 5 个模块。赛项要求选手具备信息网络布线综合素养:能够合理规划工作流程,不断提升操作速度和产品质量;能规范进行房间布线,安装质量合格,使光纤连接和布线造成的损耗在规定范围内;具备扎实的光纤熔接和铜缆端接基本功,具备对光纤和铜缆的检测能力和分析判断能力,能利用现场的工具和材料进行快速修复;具备局域网的无线网络配置能力,能对物联网/智能家居进行布线,并对应用终端进行调试;具备对新产品新技术学习的潜能,能适应新技术的发展,具备应变能力;养成严谨细致、一丝不苟、精益求精的工匠精神和安全操作、节能环保的良好工作习惯。

信息网络布线项目不仅要求选手注重质量、关注细节、精通技术,具有适当的知识水平,理解行业标准,还非常注重选手的思维能力、应变能力和综合实践能力。它不仅体现了世界技能大赛关注现代信息社会发展的现实要求,也体现了该大赛在战略上重视对人才综合能力的考查和评价,这对全球信息网络布线技术不断获得创新发展具有重要的前瞻性意义。

二、教材转化路径

从世赛项目到教材的转化,主要遵循两条原则:一是教材编写要依据世赛的职业技能标准和评价要求,确定教材的内容和每单元的学习目标,充分体现教材与世界先进标准的对接,突出教材的先进性和综合性;二是教材编写要符合学生学习特点和教学规律,从易到难、从单一到综合,确定教材的内容体系,构建起有利于教与学的教材结构,把世赛的标准、规范融入到具体的学习任务中。在工作任务设计上，注重良好工作习惯的养成，以及全局意识、质量意识、工匠精神等的培养。

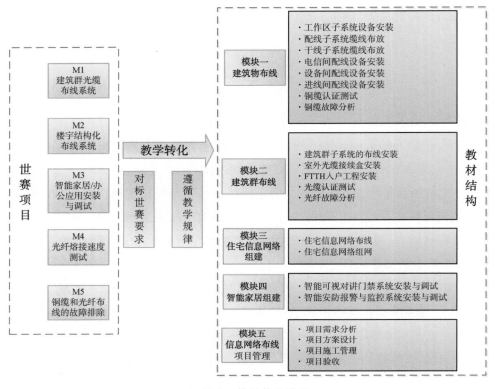

▲ 图1　教材转化路径

根据世赛内容并结合专业教学实际，教材首先设计了建筑物布线、建筑群布线、住宅信息网络组建、智能家居组建和信息网络布线项目管理等5个模块，每个模块根据工作内容和流程划分成多个工作任务，引导学生从"情景任务"出发，以需求为导向，构建完整的信息网络布线场景。接着，在"思路与方法"部分引导学生一步一步思考：是什么？为什么？怎么做？结合信息网络布线专业知识和操作技能，思考该如何完成情景任务，包括工具准备、方法和步骤，以及注意事项等，并对照操作要领，检验操作结果。然后，通过关键要素评价表，一方面学生可以进行自我评价，另一方面可按照世界技能大赛的标准对完成任务的情况进行考核，结合完整的技能评价标准，可以对实践部分进行整体评价。此外，在"拓展学习"部分，学生还可以获得更多的资料和信息，丰富自己，迁移提升操作技能。最后，学生可以结合思考题，尝试运用学习到的知识回答问题，开展实践练习，动手又动脑，不断提升信息网络布线技能。

目　录

建筑物布线与建筑物内的智能化应用系统密切相关,建筑物中的网络数据、语音信号、环境控制、视频监控与出入控制等智能化应用系统都需要进行线缆连接。而办公场所中的布局与环境却时常发生变化,为减少因更新设备而导致变更大量建筑物布线的情况出现,正确地进行建筑物中的信息网络布线工作就显得尤为重要。

本模块中,你将完成一幢两层建筑物内的信息网络布线,具体工作任务包括:工作区子系统、配线子系统、干线子系统、电信间子系统、设备间子系统的设备安装、缆线布放、管理标识制作与布线系统认证测试等,并结合世界技能大赛的技术规范和要求进行评分,从而掌握建筑物布线的相关知识和技能。(如图1.0.1所示)

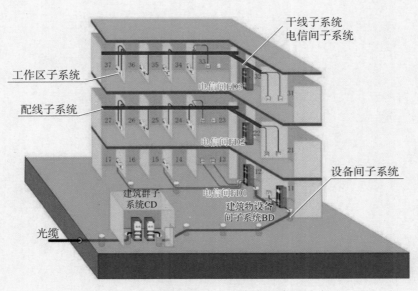

▲ 图 1.0.1 建筑物内的信息网络布线系统

任务一　工作区子系统设备安装

 学习目标

- 能使用 RJ45 压接工具压接超五类跳线,并能使用验证测试仪进行验证测试;
- 能使用单对 110 型打线工具端接 RJ45 信息模块;
- 能在 86 型底盒中组装面板与 RJ45 信息模块;
- 能使用标签打印机制作信息点标识;
- 养成施工前做好个人防护穿戴,施工过程中合理、便携地使用操作工具,施工完成后清理施工现场的安全文明操作习惯;培育和弘扬严谨细致、一丝不苟、精益求精的工匠精神。

情景任务

　　某园区有新业主入驻,该业主所在的办公区位于一幢建筑的二层,入驻前需要先完成信息网络布线施工。作为一名信息网络布线专业技术人员,请在指定墙面安装一个 86 型底盒,将底盒中的预布线缆分别与免打型、打线型信息模块进行端接,并安装于配套双口面板之上,从而完成一个单独的工作区布线安装。随后在工作区现场压接网络跳线,连接用户电脑网卡,完成网络终端连接网络业务。(如图 1.1.1 所示)

想一想:

墙面信息插座(TO)属于工作区的范围吗?

▲ 图 1.1.1　工作区现场示意图

议一议:

讨论一下你所在教室/办公室的工作区范围。

一、 工作区构成要素

想一想:

工作区的网线可以用作电话线吗?

在信息网络布线系统中,将一个独立的终端设备(TE)区域划分为一个工作区(Work Area),工作区应包括信息插座模块(TO)、终端设备处的连接缆线及适配器。(如图 1.1.2 所示)

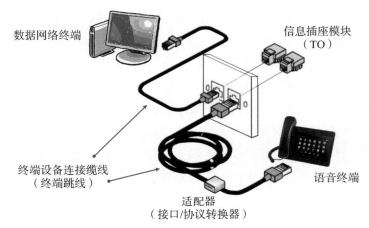

▲ 图 1.1.2　信息网络布线系统中的工作区

想一想:

由于终端设备的不同,设备线缆也各不相同,那么适配器是否也存在不同型号?应该如何选择?

当设备插座与线缆插头不匹配时,中间需要加装适配器。工作区的范围位于信息插座模块(TO)与终端设备(TE)之间,且包括信息插座模块(TO)。各种不同的终端设备或适配器均应安装在工作区的适当位置,并应考虑现场的电源与接地。(如图 1.1.3 所示)

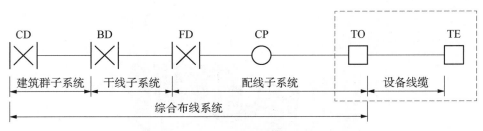

▲ 图 1.1.3　工作区范围示意图

工作区信息点的功能决定了线缆与适配器的类型,通信系统所提供的业务种类决定了所使用的线缆与适配器的等级。

本任务中,由于该业主提出了百兆到桌面的网速要求,因此采用了超五类非屏蔽材料构成一个信息网络布线系统,以及明装底盒的安装方法。工作区设备安装完成后,用户只需使用网络跳线连接计算机终端的网卡接口和 RJ45 信息插座,即可完成计算机终端的网络连接工作。

工作区设备的安装步骤主要包括:跳线制作、信息插座组装、管理标识制作等。

二、信息插座的组件

如图 1.1.4 所示,信息插座由底盒、面板及用于缆线连接的信息模块组合而成。底盒预装在线路出口位置,信息模块固定于面板之上,最终使用两颗 M4 螺丝(也称为面板螺丝)将面板固定于底盒之上。

想一想:

信息插座明盒与暗盒所适用的场景有哪些?

▲ 图 1.1.4　信息插座的外观

RJ45 信息模块,俗称信息模块,是信息网络布线墙面终端出口的必要部件。其前端带有 RJ45 插座,座内有 8 根针状金属片,具有弹性,用以连接 RJ45 连接器;后端为 8 线位打线区域,可连接一根四对双绞线。信息模块上印有对应的 T568A、T568B 线序色标,通过查看对应色标可以确定四对双绞线中每根芯线的确切排列位置。(如图 1.1.5 和图 1.1.6 所示)

提示:

在信息插座安装环节的最后,需要将模块的预留线缆以盘线的方式放置在信息插座内。

▲ 图 1.1.5　打线型信息模块

▲ 图 1.1.6 免打型信息模块

在新建的智能化建筑中，信息插座一般与暗敷管路系统配合，底盒采用暗装方式。用于暗装的底盒称为暗盒。在信息网络布线施工时，只需在暗盒上加装 RJ45 信息模块和面板。

在已建成的智能化建筑中，信息插座的安装方式可根据具体的环境条件采取明装或暗装方式。用于明装的底盒称为明盒，明盒一般与线槽系统配合。在进行墙面安装时，应按照《综合布线系统工程设计规范》(GB 50311 - 2016)国家标准的要求，即暗装或明装在墙体或柱子上的信息插座，其底部距地高度宜为 300 mm。（如图 1.1.7 所示）

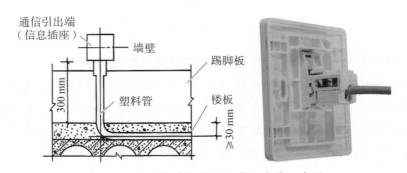

▲ 图 1.1.7 信息插座的组成及安装示意图

面板是信息模块的固定装置，由信息模块安装卡位与标签区域组成。将安装有线缆的信息模块卡入面板安装卡位，并将其安装于底盒后，即构成了一个完整的信息插座。标签区域一般会以英文字母"D"开头来代表数据信息点或以英文字母"V"开头来代表语音信息点，后跟信息点序号作为面板标识。

三、网络跳线构成

两端带有 RJ45 连接器的双绞线称为网络跳线，用于配线架与交换机、

信息插座与适配器之间的连接。(如图 1.1.8 所示)

▲ 图 1.1.8　网络跳线

　　跳线通常由多对双绞线(装在一个绝缘电缆套管里)构成。典型的是四对双绞线,共四对八芯,每芯铜导线的绝缘保护层都有颜色标记,其中白色芯线分别和蓝色、橙色、绿色、棕色芯线绞合成 4 个线对(如图 1.1.9 所示)。排列顺序有两种:T568A 和 T568B,目前主要使用的是 T568B 线序。

　　T568A 的线序定义是:白绿、绿、白橙、蓝、白蓝、橙、白棕、棕。

　　T568B 的线序定义是:白橙、橙、白绿、蓝、白蓝、绿、白棕、棕。

▲ 图 1.1.9　四对双绞线　　　　▲ 图 1.1.10　RJ45 连接器

　　信息网络布线系统普遍采用标准化 RJ45 连接器。RJ45 连接器又称水晶头,它与 RJ45 信息模块适配,共同组成一个完整的连接器单元。RJ45 连接器代表八位底座与八芯插针结构,也可用"8P8C"表示。(如图 1.1.10 所示)

四、工作区的布线安装需要使用的工具与材料

　　安装材料:非屏蔽超五类双绞线 3 段(长度各 2.1 m)、预布非屏蔽超五类双绞线 2 路(沿 PVC 线槽布放,一端超出线槽 0.5 m,另一端已安装有RJ45 连接器,长度大于 3 m)、RJ45 连接器 10 个、打线型信息模块 2 个、免打型信息模块 2 个、86 型明盒 2 个(已打孔)、双口面板 1 块。(如表 1.1.1

想一想:

RJ45 连接器的类型与四对双绞线的类型是否需要匹配?

想一想:

网络跳线使用的线序定义是否要与信息模块的线序定义相一致?

所示）

安装辅材：M4 面板安装螺丝 2 颗、模拟墙配套螺丝若干、标签纸若干。

安装工具：剥线器、RJ45 压接工具、单对 110 型打线工具（110 打线刀）、水口钳、鲤鱼钳、验证测试仪等。（如表 1.1.2 所示）

▲ 表 1.1.1　工作区布线安装材料

材料名称	图例	材料名称	图例
非屏蔽超五类双绞线		RJ45 连接器	
打线型信息模块		免打型信息模块	
双口面板		86 型明盒	

提示：

在进行工作区布线安装时，安装人员需要来回走动，工具应随身携带。

▲ 表 1.1.2　工作区布线主要安装工具

工具名称	图例	工具名称	图例
剥线器		RJ45 压接工具	
单对 110 型打线工具（110 打线刀）		水口钳	
鲤鱼钳		验证测试仪	

提示：

压接工具和打线刀属于易耗物品，需要定期检查耗损情况。

　　个人安全防护：在开始活动前，须穿戴个人防护用具，如电工服、电工鞋、防护手套、护目镜等。

活动一： 2 m 超五类（Cat5e）网络跳线的压接

　　网络跳线由 1 根四对双绞线和 2 个 RJ45 连接器制作而成，直通线两端 RJ45 连接器的线序相同，本活动中采用 T568B 线序进行制作，设计长度为 2 m，截取网线长度 2.1 m。

想一想：

为什么截取的网线长度是 2.1 m?

　　（1）跳线的长度应按照设计要求，每米长度误差不超过 40 mm；

　　（2）跳线两端的连接器外不得有裸露的芯线；

　　（3）在将芯线插入 RJ45 连接器时，需注意 RJ45 连接器的正反方向，以免线序整体反排。

操作要领

1. 外护套剥除

　　使用单手将准备好的双绞线（长度为 2.1 m）放入剥线工具所对应线径的剥线口中，另一手利用剥线器或 RJ45 压接工具的剥线口，沿线缆周长转动一周，双绞线的塑料外护套剥离长度应控制在 20—30 mm。随后取下剥线器，去除线缆外护套，检查芯线并剪除多余撕裂绳。

想一想：

剥线器调节旋钮的作用是什么？

　　当外护套被剥除后，必须检查剥除点内的芯线情况，确认是否切伤芯线。芯线如有损伤，则需重复进行本活动操作。

2. 线对与芯线排列

线对排列有助于更好地按 T568B 线序整理芯线。在排列过程中,绿色线对与蓝色线对需放在中间位置,而橙色线对与棕色线对则应摆放在两侧。(如图 1.1.11 所示)

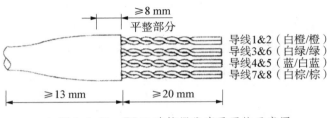

导线1&2(白橙/橙)
导线3&6(白绿/绿)
导线4&5(蓝/白蓝)
导线7&8(白棕/棕)

≥8 mm
平整部分
≥13 mm   ≥20 mm

▲ 图 1.1.11 RJ45 连接器线序及开绞示意图

随后将四组线对按 T568B 线序依次开绞,白绿线对需多开绞一部分,并将蓝色线对置于白绿芯线与绿芯线之间,捋直芯线,达到芯线平整无交叉、松手不回弹的效果。(如图 1.1.12 所示)

1   2   3

▲ 图 1.1.12 网络跳线制作步骤 1—3

3. 芯线剪切

使用 RJ45 压接工具或水口钳等工具将整理好的芯线切平,保留 14—16 mm 的芯线长度。

4. 芯线插入与线序检查

手握水晶头(金属片朝上朝前),仔细检查 8 根芯线,在确认线序无误后,将芯线插入水晶头(白橙在最左,棕色在最右),并检查芯线就位情况。(如图 1.1.13 所示)

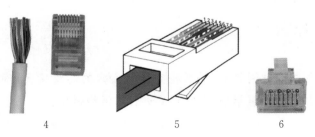

4   5   6

▲ 图 1.1.13 网络跳线制作步骤 4—6

注意事项

　　检查芯线时,应端面齐平,所有芯线均需抵到 RJ45 连接器的顶端,以确保芯线能被金属压接片刺穿并导通。

　　再次检查 RJ45 连接器,查看线序是否正确,在分别从侧端和前端确认 8 根芯线全部到达顶部后,方可进行下一步骤。

想一想:

线序正确就能保证跳线制作完全没有问题吗?

注意事项

　　RJ45 连接器为一次性耗材,一旦经过压接便无法重复使用。因此,在操作过程中,应按步骤操作,减小损耗。

5. RJ45 连接器压接

　　在将 RJ45 连接器推入压接工具的 RJ45 夹槽后,一只手继续将线缆向内推,而另一只手则握压工具把手,将突出的金属针脚全部压入,至此 RJ45 连接器压接工作完成。压接工具与 RJ45 连接器的压接点须一一对准且方向正确,以免造成工具、器件损坏。(如图 1.1.14 所示)

提示:

在压接 RJ45 连接器之前,应再次检查线序排列是否正确。

7　　　　　　　8

▲ 图 1.1.14　网络跳线制作步骤(压接)7—8

注意事项

　　有些 RJ45 连接器配有保护胶套,可防止因跳线拉扯或折弯而产生的故障。对于此类 RJ45 连接器,应在安装之前就将保护胶套预先套于四对双绞线的外护套之上。

6. 对端连接器制作

依据网络跳线制作要领 1—5,安装该双绞线另一侧的 RJ45 连接器,完成直通网络跳线的制作。

7. 验证测试

打开验证测试仪,检查电力是否充足。将制作完毕的网络跳线,一端插入验证测试仪的本地(主机)端口,另一端插入远端(从机)端口进行验证测试。观察从机指示灯(进行验证/通断测试时,从机指示灯应按 1—8 的顺序依次点亮),如果从机指示灯异常,则需要检查 RJ45 连接器的线序并重新制作。(如图 1.1.15 所示)

▲ 图 1.1.15　网络跳线验证测试连接方法示意图

活动二：　超五类免打型 RJ45 信息模块的端接

操作要领

1. 外护套剥除

拿取一段双绞线(长度为 2.1 m),在线缆一端安装一个 RJ45 连接器。之后,在另一端使用剥线工具或 RJ45 压接工具的剥线口,将线缆外护套剥除 30—40 mm,并在剪去撕裂绳后备用(如图 1.1.16 所示),具体可参照活动一中网络跳线制作步骤 1—3。

▲ 图 1.1.16　开剥线缆

2. 芯线排列与剪切

取出信息模块上的带标识的压线盖，按照 T568B 的线序色标，开绞所有线对并将 8 根芯线排列整齐。

随后使用水口钳或剪刀以斜角（约 15 度）的方式将整理完毕的芯线修剪整齐，再按照线序色标指示将线芯插入至信息模块压线盖的导槽内，所有芯线均要超出压线盖的顶端，且外护套应置于压线盖的内部。（如图 1.1.17 所示）

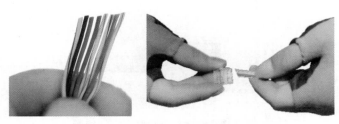

▲ 图 1.1.17　模块压线盖的芯线安装步骤

最后，再次检查线序与外护套距离，确认无误后使用水口钳从信息模块压线盖的顶端处剪平导线。（如图 1.1.18 所示）

▲ 图 1.1.18　使用水口钳去除多余线缆

注意事项 ....

　　超五类双绞线端接时的开绞距离（线缆末端至信息模块底座卡接点）需要小于 13 mm，六类双绞线端接时的开绞距离需要小于 6 mm。

3. 信息模块端接

使用鲤鱼钳将信息模块压线盖按压至模块底座（如图 1.1.19 所示），至此该免打型信息模块端接完毕（如图 1.1.20 所示）。

想一想：

信息模块上打线槽的线序应该如何排列？

想一想：

线缆末端开绞过大会对信号传输造成什么影响？

▲ 图 1.1.19　使用鲤鱼钳完成压盖端接

想—想：

如果信息模块末端没有压接到线缆外皮，会有什么影响？

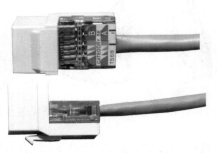

▲ 图 1.1.20　超五类非屏蔽免打型信息模块端接成品展示

4. 验证测试

打开验证测试仪，检查电力是否充足。

将与 RJ45 信息模块所连接线缆另一端的 RJ45 连接器插入验证测试仪的本地(主机)端口，并将在活动一中制作完毕的网络跳线的一端插入 RJ45 信息模块，另一端插入远端(从机)端口进行验证测试。(如图 1.1.21 所示)

▲ 图 1.1.21　RJ45 信息模块验证测试连接方法示意图

想—想：

如果测试仪两端有两盏不对应的灯同时亮起，是什么故障现象？

观察从机指示灯(进行验证/通断测试时，从机指示灯应按 1—8 的顺序依次点亮)，如果从机指示灯异常，则需要检查 RJ45 连接器的线序并重新制作。

活动三： 超五类打线型 RJ45 信息模块的端接

操作要领

1. 剥除外护套

将四对双绞线的一端压接 RJ45 连接器，另一端剥除外护套 30—40 mm 备用，具体可参照活动二的操作要领 1。（如图 1.1.22 所示）

▲ 图 1.1.22　剥除四对双绞线外护套

2. 芯线排列

先将靠近 RJ45 信息模块根部的两对线开绞，卡入对应线序色标的打线块中，并稍加固定。（如图 1.1.23 所示）

▲ 图 1.1.23　RJ45 信息模块芯线压接过程 1

再将靠近 RJ45 插座的两对线开绞（开绞距离尽可能小），卡入对应线序色标的打线座中，并稍加固定。（如图 1.1.24 所示）

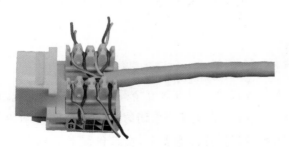

▲ 图 1.1.24　RJ45 信息模块芯线压接过程 2

提示：

要将双绞线准确卡入线槽槽位内，方便后续的打线工作。

想一想：

为什么在模块端接中需要严格控制开绞距离？如果开绞距离过长会出现什么问题？

注意事项

（1）线对除端接处开绞外,其余位置均须控制开绞距离。

（2）一个布线系统中各处的连接应统一标准,两侧打线槽的芯线应严格按照线序色标进行安装。

（3）排线时,应注意将芯线扯直、扯紧,这样打线时更易受力,保证打线块中的刀片能划破芯线绝缘层。良好的金属接触是保证连通性的基础。

3. 信息模块端接

当线对都卡入相应的槽位后,再一次检查线序是否正确,是否按线序要求排列。

用一只手紧固模块,另一只手握住单对110打线刀(打线刀要与打线块垂直,切线口向外),然后对准模块外侧余线,将芯线逐条压入,并切断外侧突出的余线。

将各芯线依次打入打线块后,从侧边进行观察,逐根确定各芯线是否均已压入打线块的底部,且没有挂线现象,并第三次检查线序色标。确认无误后再给 RJ45 信息模块安装保护帽,从而完成该打线型 RJ45 信息模块的端接。(如图 1.1.25 所示)

▲ 图 1.1.25　RJ45 信息模块芯线压接过程 3—5

注意事项

（1）单对打线刀的一侧刀面有个刃口,用于切除信息模块外侧的余线。切勿持反,持反将使模块内侧的芯线被切断,导致返工。

（2）使用打线刀时应注意安全,在工作面上必须紧紧固定住模块再进行端接,以免模块滑动伤及操作人员。

4. 验证测试

打开验证测试仪,对 RJ45 信息模块进行验证测试。具体的连接方式与测试步骤可参照活动二的操作要领 4。

活动四: 墙面信息插座的安装

操作要领

1. 底盒定位

取 86 型 PVC 明盒 2 只,选择上侧进线或下侧进线的方式,将明盒进线口对准线槽出口,以确定明盒的安装位置。(如图 1.1.26 所示)

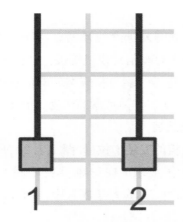

▲ 图 1.1.26 底盒定位示意图(上侧进线)

2. 底盒固定

将预留线缆穿过明盒进线口,依据模拟墙面的配套螺丝尺寸选择合适的十字螺丝刀,再通过明盒后部的安装孔将明盒紧固在模拟墙面上(如图 1.1.27 所示),要求排列整齐、稳固、美观,底盒保持水平,不歪斜。

注意事项

为便于端接、维护和变更,线缆从底盒引出后需预留 300 mm。

提示:

如果模拟墙面需要安装多个明盒,这些明盒不仅要在水平、垂直方向上排列整齐,而且还需要分布均匀。

提示:

可将水平仪放置在底盒上方来确保安装保持水平。

想一想:

在 86 型底盒中,线缆为何需要预留 300 mm? 如何计算其他类型的底盒需要预留的线缆长度?

▲ 图 1.1.27　将线缆引入底盒内

3. 信息模块端接

依据明盒深度确定线缆外护套的开剥点,将两个明盒内的预留线缆分别与打线型信息模块与免打型信息模块端接。每根预布双绞线的一端已预装有 RJ45 连接器,要求将另一端与相应类型的信息模块端接,确保线序正确、接触良好且芯线无损伤。具体可参照活动二的操作要领 1—3。

4. 面板与信息模块组装

使信息模块对准面板的安装卡位(如图 1.1.28 所示),把信息模块用力按压到面板的安装卡位中,要求方向正确、卡接牢固不松动。

接着,将冗余线缆按"O"形盘留于底盒中,中间留空。

▲ 图 1.1.28　面板与信息模块组装示意图

5. 二次检查与面板固定

再次仔细检查信息模块的线序,确保未有芯线在盘留时松动。

随后使面板与明盒贴合,使用十字螺丝刀交替紧固左右两侧的面板螺丝,并盖上面板的螺丝孔装饰盖。

　　（1）插座底盒、信息模块与面板的安装牢固稳定，无松动现象。

　　（2）设备表面的面板应保持在一个水平面上，做到美观、整齐。

　　（3）信息插座要有明显的标志，可以采用颜色、图形和文字符号来表示所接终端设备的类型，以便使用时有所区别，不混淆。

6. 验证测试

　　打开验证测试仪，对墙面信息插座中的信息模块进行验证测试。具体的连接方式与测试步骤可参照活动二的操作要领 4。

活动五：　信息点标签打印

操作要领

1. 信息点编号确定

　　在以工程图纸为基准的信息点编号中，可打印如"D001"等格式作为信息点编号；在以教学为目标的信息点编号中，可打印如"TO - 学号（n）"等格式作为信息点编号。（如图 1.1.29 所示）

▲ 图 1.1.29　信息点编号

2. 面板（信息插座）标签打印

　　按已确定的信息点编号，使用手持式标签打印机打印标签。

　　因不同打印机品牌与型号的操作方式差异较大，打印步骤应参照标签打印机的操作说明书进行，但打印样式应使用面板型标签，具体的标签宽度与长度设定值一般以面板上方的标签区域大小为参照。

　　撕去打印完毕后的面板标签的背膜，将其仔细贴放于面板的标签区域。（如图 1.1.30 所示）

想一想：

手写标签和打印标签需要使用什么类型的书写笔？

想一想：

信息点编号除了需要标注在信息面板上，还需要标注在哪里？

19

想一想：

TO 的含义是什么？

▲ 图 1.1.30　面板标签

3. 跳线标签制作

跳线的线缆两端都应贴有标签，分别标识对端和本端的端口信息，依据线缆密度与标签文字数量选用旗帜型标签或循环标签模板进行打印。（如图 1.1.31 所示）

想一想：

在线缆的各处连接端口及连接器件上做标签的作用是什么？不做标签可能会有什么影响？

▲ 图 1.1.31　跳线标签实例

 **总结评价**

依据世界技能大赛相关评分细则，本任务的评分标准详见表 1.1.3。其中，M 类是指技术评价的客观分，J 类是指过程、结果评价的主观分，总分为 10 分。

▲ 表 1.1.3　评分标准

评分类型	评分指标	评价标准	分值	得分
M1	测试结果	能通过随工测试、信道测试(跳线)	4	
M2	完成情况	按时完成全部工作量	1	

续表

评分类型	评分指标	评价标准	分值	得分
M3	工艺质量	剥线或打线不当,导致芯线受损伤	0.5	
		压接不到位或器件变形/损坏	1	
		内外标签齐全、填写规范,粘贴位置正确	0.5	
		长度/预留符合设计要求	0.5	
		端接牢固,压接到位	0.5	
		安装到位、稳固美观	0.5	
J1	整顿素质	在实训开始之前,能充分准备好实训材料、工具;在实训过程中,能时刻保持工作区域的整齐、整洁;在实训完成时,能保持工具归位,剩余材料整理到位	1	
J2	安全文明	能在实训全程按照要求穿戴劳保服、劳保鞋,且在端接过程中佩戴护目镜、劳保手套,不出现安全违规操作	0.5	
		总分	10	

你的安装工程和工作效率是否能得到业主的肯定呢？是否达到监理单位的质量要求呢？请对照世赛相关评价标准进行自查和自评,精益求精提高工程质量,并做好工作小结报告。

📖 拓展学习

地面插座（地插）的制作

在较为开阔的会议室、报告厅或者商场中,我们能够见到各类线路从地面插座按需直接引出,十分方便。这种安装在地面上或活动地板上的地面信息插座简称为地插,是由接线盒体和插座面板两部分组成的(如图1.1.32所示)。插座面板有弹起式(打开后面板与地面成45度夹角,关闭后成一平面)和开启式等多种类型。

议一议：

为何整顿素质与安全文明会占到总分的 15％？在工作中如何时刻保持应有的职业素养与安全防范意识？

查一查：

地面插座表面材质的类别有哪些？地面插座的底盒与墙面插座的底盒一样吗？

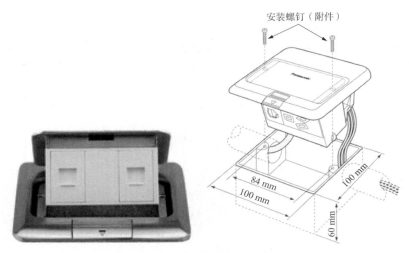

安装螺钉（附件）

84 mm
100 mm
100 mm
60 mm

▲ 图 1.1.32　地插的外观与安装示意图

想一想：

地面插座与墙面插座的区别有哪些？

地面插座中的缆线连接在接线盒体内的信息模块上，接线盒体埋于地面下方，金属面板关闭后基本与地面齐平，不会影响人们日常行走。地插可以按需开启或关闭，但关闭后必须能严密防水、防尘和抗压。在培训或学校教室等场所，桌位下方地板上可以安装地面插座，这样能灵活引出电源与网络线路，并可防止不必要的触碰和插拔线路。请尝试使用地面插座连接地板下的 PVC 管材与缆线，完成地面插座中信息模块的安装和验证测试。地插的外观与安装示意图，如图 1.1.32 所示。

思考与训练

本任务所在的建筑物二楼有一间会议室，已预留相应的网络与多媒体线缆，设计方案中需要安装 11 个桌面型信息插座，方便与会人员连接有线设备。

1. 请考虑如何收集、查阅材料信息，并说明桌面型信息插座的选型依据。

2. 请根据选型依据，确定所需采购材料的型号与数量。

3. 技能训练：使用电子表格软件制作报价表，内容涵盖材料名称、材料型号、数量、单位、单价、总价等，并进行适当排版，使报价表能打印在一张 A4 纸上。

任务二　配线子系统缆线布放

 学习目标

- 能使用多功能线槽剪等工具对 PVC 线槽进行安装；
- 能使用尼龙扎带等材料对配线子系统进行缆线布放与端接准备；
- 能使用标签打印机制作配线子系统线缆标签；
- 养成施工前做好个人防护穿戴，施工过程中合理、便携地使用操作工具，施工完成后清理施工现场的安全文明操作习惯；培育和弘扬严谨细致、一丝不苟、精益求精的工匠精神。

情景任务

你在任务一中已经完成了墙面信息插座的安装和网络跳线的制作，为用户提供了网络接入业务。本任务中，请你开展两个楼层的配线子系统布线工作。

在一楼设备间中有一台42U(2 米)标准机柜，一楼工作区中的信息插座与该机柜之间需要进行配线子系统缆线的布放。配线子系统线缆从机柜出发，沿弱电井垂直桥架和一楼水平桥架布放，再经过 PVC 线槽后到达工作区的信息插座上。

在二楼电信间中有一台挂墙式机柜，该机柜与二楼工作区信息插座之间需要使用配线子系统线缆进行连接，并使用 PVC 线槽对该配线子系统线缆进行保护。同时，机柜出口和弱电井垂直桥架之间也需要用 PVC 线槽连通，方便干线线路经弱电井垂直桥架敷设到一楼设备间，从而完成整个配线子系统的缆线布放工作，并为设备间、电信间和工作区的端接工作做好准备。(如图 1.2.1 所示)

想一想：

线槽和桥架的作用和区别是什么？

查一查：

常用的机柜高度有哪些？机柜的高度和 U 数又是怎样对应的？

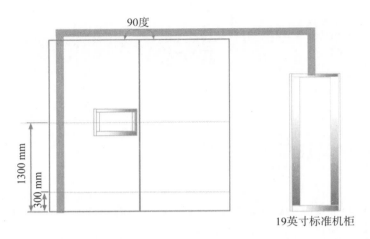

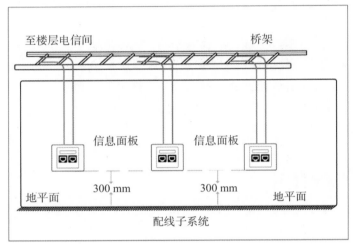

▲ 图 1.2.1　配线子系统布线环境示意图

思路与方法

　　由于配线子系统是信息网络布线中覆盖范围最广、缆线用量最多的子系统，因此在布线之前和布线过程中需要考虑的内容更为多样。在确定配线设备与材料的选型与用量之前，需要熟悉配线设备、缆线、连接器件和线路保护材料的架构方式，以及不同架构方式下配线设备和材料用量之间的差异。

一、配线子系统的组成

　　配线子系统应由工作区内的信息模块、信息模块至电信间配线设备（FD）的缆线、配线设备及跳线等组成。（如图 1.2.2 所示）

在楼层电信间安装有楼层配线架（FD）的情况下，配线子系统的缆线会从该楼层的不同工作区通往该楼层的电信间内进行线路集中，因此配线子系统的线缆布放也被称为水平布线。

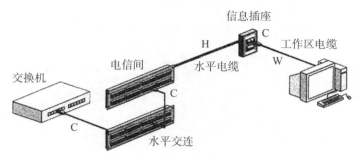

▲ 图1.2.2　配线子系统的组成

配线子系统也可采用星型拓扑结构（如图1.2.3所示），它以楼层配线架（FD）为汇聚点，各工作区的信息插座（TO）为分节点，二者之间采用独立的线缆进行交联或互联，形成以楼层配线架为中心的、向工作区信息插座辐射的星型拓扑结构。

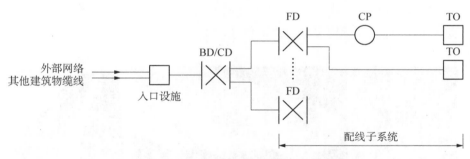

▲ 图1.2.3　配线子系统的星型拓扑结构

查一查：

为什么正常链路FD至TO中间需要添加CP？GB 50311-2016《综合布线系统工程设计规范》中CP的个数最多允许有多少个？CP在链路中有何作用？

二、　配线子系统缆线布放方式

在布放配线子系统的缆线之前，需要先规划好缆线的路由走向，绘制信息点分布图，并确定缆线、配线设备和连接器件的类别和数量。施工时按照信息网络布线设计方案与设计图纸，将缆线从电信间的配线设备开始，沿着楼层管槽系统进行布放，直至各个工作区的信息插座。

在进行配线子系统的布线时，可选择吊顶、地板下、暗管、地槽等地点进行线缆布放。（如图1.2.4所示）

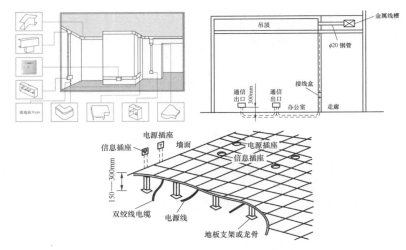

▲ 图 1.2.4　配线子系统的缆线布放方式

三、　配线子系统缆线布放时需要使用的工具与材料

在信息网络布线系统中，管槽能够很好地为布线线路提供保护。管槽主要包括线管、线槽、金属桥架（如图 1.2.5 所示）和附件。依据不同的场景，线管和线槽可采用 PVC 材质或金属材质，金属桥架可采用槽式桥架、托盘式桥架、梯级式桥架和网格式桥架等。

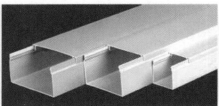

▲ 图 1.2.5　线管、线槽、金属桥架

配线子系统的传输介质种类由组网标准和现场环境确定，常见的线缆种类包括屏蔽双绞线（STP）、非屏蔽双绞线（UTP）、单模光缆（SMF）或多模光缆（MMF），对于不同种类的线缆，在布线时的施工要求也有所不同。

具体材料与工具清单如下：

安装材料：超五类非屏蔽四对双绞线 4—6 根（各 5 m）、PVC 线槽 2—3 根（各 2 m）。（如表 1.2.1 所示）

安装辅材：尼龙扎带或魔术贴 1 包、模拟墙配套麻花钻头 1 支、模拟墙配套螺丝若干、标签纸若干。（如表 1.2.1 所示）

安装工具：卷尺（3 m 以上）、角尺、多功能线槽剪、手工锯、斜口钳、电工

胶带、铅笔、油性记号笔、美工刀、手电钻、标签打印机等。（如表 1.2.2 所示）

▲ 表 1.2.1 配线子系统布线主要安装材料和辅材

材料名称	图例	材料名称	图例
超五类非屏蔽四对双绞线	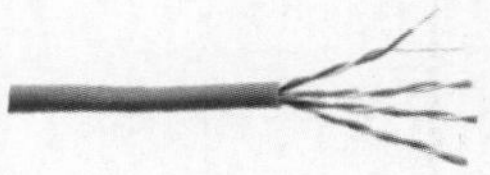	PVC 线槽	
尼龙扎带		魔术贴	

▲ 表 1.2.2 配线子系统布线主要安装工具

工具名称	图例	工具名称	图例
卷尺	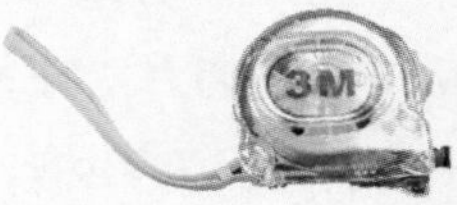	角尺	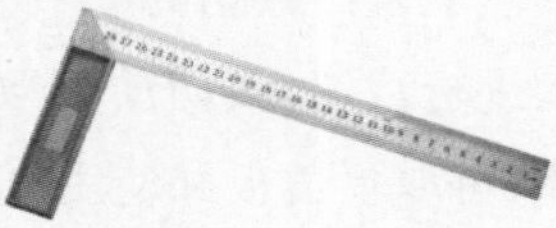
多功能线槽剪	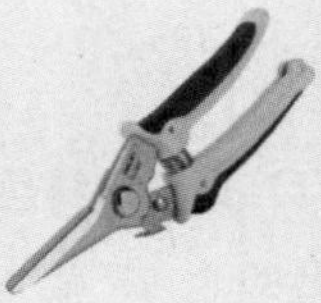	手工锯	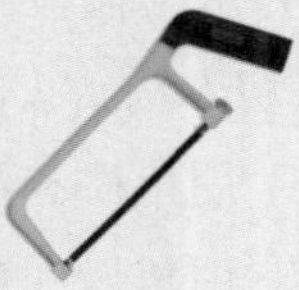
斜口钳		电工胶带	

想一想：

尼龙扎带和魔术贴的区别有哪些？它们分别适用于什么场景？

查一查：

怎样使用角尺在线槽上画出 45 度角？

≡ 活 动

活动一： PVC 线槽安装

操作要领

1. PVC 线槽安装位置测定

依据给定图纸（样例如图 1.2.6 所示），在模拟墙上用卷尺测量 PVC 线槽长度并做记录。

想一想：

什么场景下应使用PVC线槽？什么场景下应使用PVC线管？

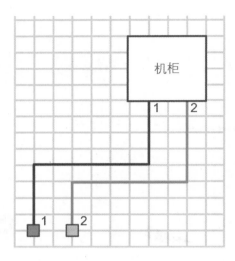

▲ 图 1.2.6　给定图纸参考样例

想一想：

线管如何连接明盒，如何进行分路？

2. PVC 线槽裁切

取未经裁切的 PVC 线槽一根，使用多功能线槽剪或手工锯对 PVC 线槽进行裁切，裁切前可取下盖板或与盖板同时裁切。对于较长的 PVC 线槽，可取下盖板并使用"裁切方法 1"；对于较短的 PVC 线槽，可使用"裁切方法 2"，并可与盖板同时裁切（使用手工锯）。

裁切方法 1（如图 1.2.7 所示）：

（1）用角尺和铅笔，依据测量长度在 PVC 线槽的背面标记出裁切线；

（2）用角尺和铅笔，在裁切线的一端画出两个 45 度角；

（3）使用多功能线槽剪，剪去两个 45 度夹角内的 PVC 线槽槽体；

（4）将线槽弯折并对齐切边，使用角尺检查折角角度。

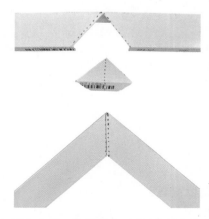

▲ 图 1.2.7　线槽制作工艺（裁切方法 1）

裁切方法 2(如图 1.2.8 所示):

(1) 用角尺和铅笔,依据测量长度在 PVC 线槽的背面标记出裁切线;

(2) 使用多功能线槽剪,沿着裁切线将 PVC 线槽剪开,使其变成两截;

(3) 用角尺和铅笔,在两截 PVC 线槽的裁切线端各画出一个 45 度角;

(4) 使用多功能线槽剪或手工锯,剪去或锯去两个 45 度夹角内的 PVC 线槽槽体;

(5) 将 PVC 线槽拼接起来,并使用角尺检查拼角角度。

想一想:

怎样才能简便、准确地将两截 PVC 线槽在一个平面上拼接成 90 度夹角?

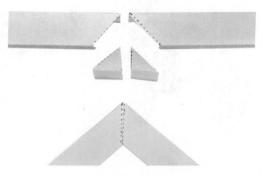

▲ 图 1.2.8 线槽制作工艺(裁切方法 2)

3. PVC 线槽安装固定

使用模拟墙配套螺丝,在模拟墙上将裁切好的线槽进行匹配安装,在模拟墙上确定 PVC 线槽固定点,要求每段 PVC 线槽的固定点不少于 2 个。

想一想:

PVC 线槽折弯的工艺要求主要有哪些?

先使用铅笔在 PVC 线槽内侧标记出固定点的钻孔位置,再用安装有模拟墙配套麻花钻头的手电钻进行钻孔操作(须在指导下进行操作),接着使用模拟墙配套螺丝将 PVC 线槽紧固于模拟墙上,要求 PVC 线槽牢固、不滑动。

4. 线槽盖板裁剪安装

可依据底槽的长度和角度裁切线槽盖板,需在 PVC 线槽底槽内进行布线后方可为 PVC 线槽加盖,要求紧实、无翘起。

注意事项

因施工现场的工具和材料品种较多、环境复杂,施工时应戴好安全帽和防护手套,以避免发生人身伤害事故。

活动二： 配线子系统缆线布放

操作要领

1. 缆线剪取

依据 PVC 线槽总长度和配线子系统线缆两端的预留长度,可估算出布线线缆所需长度。在本任务中,楼层 1 和楼层 2 的配线子系统线缆各剪取 5 m(如图 1.2.9 所示)。

▲ 图 1.2.9　剪取合适长度的线缆

议一议:

线缆布放时,有哪几种临时线缆标记方法?

2. 缆线标记

使用油性记号笔,快速为每条线缆的两端写下临时线缆标识,线缆标识内容即信息点编号。每端的临时线缆标识数量不少于 3 个,间距为 0.5 m,从线缆顶端起 0.5 m 为第 1 个标识位置。

3. 线缆布放

在网格桥架与 PVC 线槽中进行线缆布放(如图 1.2.10 所示),布放的线缆应平齐顺直、排列有序,尽量不交叉。

想一想:

线缆布放时,如何才能做到使线缆尽量不交叉?

▲ 图 1.2.10　缆线布放

4. 线缆组绑扎整理

使用尼龙扎带或魔术带进行线缆绑扎(如图 1.2.11 所示),同一个信息插座内的 2 路四对双绞线可分为一组,把整股线缆固定于金属网格桥架上。绑扎间距不宜大于 0.5 m,间距应均匀,松紧适度,线缆平齐,无交叉缠绕。

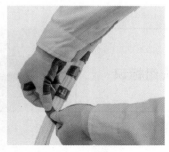

▲ 图 1.2.11　线缆组绑扎整理(魔术带)

5. 进线预留

在电信间机柜的底部以"O"形预留线缆,预留长度约为 2 m(如图 1.2.12 所示)。水平、垂直桥架的出口处需要将线缆进行固定,以防重力拉扯,线缆的弯曲半径需符合国家标准。

▲ 图 1.2.12　电信间机柜内的进线预留

活动三：　配线子系统标识管理

在配线子系统中,配线部分既需做线缆标签,也需为管槽设施和管理线路交接的电信间机柜制作标签。

操作要领

1. 线缆组标签制作

在配线子系统中,对每一组扎在一起的同类线缆,均需要做一套线缆组标签。本任务中需要使用标签打印机制作线缆组标签,标签模式使用旗帜型。

每个线缆组应有 5 处标签,具体标签位置有：网络桥架的中间 1 处、网

想一想：

线缆敷设过程中为何要求布放平整尽量不交叉？理线有什么好的技巧？

想一想：

线缆在管槽中布放时,线缆在管槽中最大的布放数量为多少？

查一查：

在国际标准中，有什么标签管理标准？

络桥架两端出口处各 1 处、两端线缆距末端 1 m（或分线点根部）位置各 1 处。标签的标识方法可自定线缆组编号或按信息点编号而定，例如：CO - 1、FO - 2、D30 - D50、V025 - V032 等。（如图 1.2.13 所示）

▲ 图 1.2.13　线缆组标识

2. 线缆标签制作

在活动二中，线缆组中每根缆线上已经做了简单标记，现在需要用标签打印机为每根线缆制作线缆标签，即永久标识。

想一想：

为什么既要对单根线缆做标识，又要对线缆组做标识？

线缆的两端均要进行线缆标签的粘贴工作，标签距离端点 300—500 mm，以避免标签在端接时灭失。

注意事项

（1）线缆应按不同结构和传输应用分类绑扎。

（2）线缆的整理和标记有助于后续的测试和管理。

3. 机柜标签制作

本任务中，配线子系统线缆的一端已布进电信间机柜内，需要在机柜外框左上角位置贴上机柜标签，标签类型为普通标签，内容为该机柜的编号，如 Rack1 等。（如图 1.2.14 所示）

▲ 图 1.2.14　机柜标签

总结评价

依据世界技能大赛相关评分细则,本任务的评分标准详见表 1.2.3。其中,M 类是指技术评价的客观分,J 类是指过程、结果评价的主观分,总分为 10 分。

▲ 表 1.2.3 评分标准

评分类型	评分指标	评价标准	分值	得分
M1	按时完成	按时完成全部工作量	1	
M2	工艺质量(管槽安装)	线槽、线管安装稳固,水平、垂直偏差在标准范围内	1	
		线槽、线管拼接或过弯处平整光滑	1	
		路由合理,符合设计要求	1	
	工艺质量(布线)	线槽、线管内布线量符合设计规范,线缆之间无挤压	1	
		布线线缆在管槽设施内及两端进线处预留长度合适,无单根短缺	1	
		线缆转弯半径符合设计规范,线缆与线缆之间无缠绕,有必要的绑扎固定	1	
M3	标识管理	标签填写规范、粘贴位置正确	1	
	线缆标签(线槽走线)	线槽出口、中间、入口、FD 机柜末端做标记		
	线缆标签(暗管走线)	线管出口、入口、FD 机柜末端做标记		
M4	安全文明	若违规或出现安全事故,记录并警告	1	
J1	整顿素质	在实训开始之前,能充分准备好实训材料、工具;在实训过程中,能时刻保持工作区域的整齐、整洁;在实训完成时,能保持工具归位,剩余材料整理到位	0.5	
J2	安全文明	能在实训全程按照要求穿戴劳保服、劳保鞋,且在端接过程中佩戴护目镜、劳保手套,不出现安全违规操作	0.5	
		总分	10	

想一想:

线缆之间挤压严重,对数据传输会有什么影响?

想一想:

线缆转弯半径过小,对数据传输会有什么影响?

你的施工进度和素质是否经得住隐蔽工程的检查呢?是否达到验收标

准中的相关要求了呢？请对照世赛相关评价标准进行评析，交流总结施工经验和发现的安全隐患，各组做好工作小结报告。

拓展学习

信息网络布线系统与其他管线系统的平行间距

配线子系统是整个信息网络布线系统中安装比例最高的子系统，且在设计中与其他管线系统冲突概率较高，因此信息网络布线系统和其他系统的管线必须独立且有平行间距要求，详见表1.2.4。

▲ 表1.2.4　管线系统的平行间距

类别	与综合布线接近状况	最小间距(mm)
380 V 电力电缆＜2 kV·A	与线缆平行敷设	130
	有一方在接地的金属槽盒或钢管中	70
	双方都在接地的金属槽盒或钢管中	10
380 V 电力电缆 2 kV·A～5 kV·A	与线缆平行敷设	300
	有一方在接地的金属槽盒或钢管中	150
	双方都在接地的金属槽盒或钢管中	80
380 V 电力电缆＞5 kV·A	与线缆平行敷设	600
	有一方在接地的金属槽盒或钢管中	300
	双方都在接地的金属槽盒或钢管中	150

想一想：

如果是光缆配线，有没有平行间距的要求呢？

想一想：

如果水平布线是用作 PoE 供电的线缆，是否有分组捆扎的要求？

对于国家涉密网络布线系统，更需要考虑不同网络之间的电磁泄漏问题，包括公共网络与涉密网络、不同密级的涉密网络之间均要考虑线缆与管线的平行间距因素，以免引发泄密事故，比如国家公务网与因特网线路、地方政务网与国家公务网线路等，详见表1.2.5。

▲ 表1.2.5　线缆与管线的间距

其他管线	最小平行净距(mm)	最小垂直交叉净距(mm)
防雷专设引下线	1000	300
保护地线	50	20
给水管	150	20

续表

其他管线	最小平行净距(mm)	最小垂直交叉净距(mm)
压缩空气管	150	20
热力管(不包封)	500	500
热力管(包封)	300	300
燃气管	300	20

　　请拓展学习建筑物布线系统与其他系统的安全间距关系,尝试在一个平面中设计 3 组 220 V/10 A 电源线路与网络布线线路,并能合理规避布线冲突。

思考与训练

　　配线子系统有的是隐蔽工程,尤其是墙内或楼板内的管道敷设与缆线布放,在交付完成后基本不可见。所以对于隐蔽工程,在施工过程中就要进行随工验收,一般情况下隐蔽工程在通过随工验收后便不再进行更动。

　　1. 请以你的方式收集、查阅材料信息,并写下随工验收的流程和验收标准。

　　2. 请你查阅资料,说一说除了随工验收之外,实际项目中还会用到哪些验收方法?

　　3. 技能训练:请依据随工验收的流程与验收标准,对其他施工小组的配线子系统布线工程进行随工验收,出具验收报告,并提出你的建议和意见。

提示:

设计时可以先在纸上构画出草图,再使用 CAD 软件制作出电子版图纸,并标注距离尺寸。

任务三 干线子系统缆线布放

学习目标

- 能根据国家标准完成干线子系统中各类干线电缆以及干线光缆布放；
- 能使用尼龙扎带等材料对干线子系统电缆进行缆线布放与端接准备；
- 能使用标签打印机制作干线子系统线缆标签；
- 养成施工前做好个人防护穿戴，施工过程中合理、便携地使用操作工具，施工完成后清理施工现场的安全文明操作习惯；培育和弘扬严谨认真、精益求精、追求完美的工匠精神。

情景任务

想一想：

比较一下数据干线的类型，在不同需求和信息网络布线场景中使用双绞线缆与光缆的优势与劣势，你觉得在数据干线中使用电缆好还是光缆好？

在上一个任务中你已经完成了配线子系统的安装工作，墙面信息插座的信号已能够到达电信间机柜内。本次任务中，你需完成设备间至电信间的主干光缆干线、大对数双绞线电缆和屏蔽双绞线的布放，并为各类主干链路制作标签。（如图 1.3.1 所示）

其中，语音通信干线使用大对数双绞线电缆，一楼的数据干线采用屏蔽双绞线，至二楼的数据干线采用室内单模光缆。

思路与方法

干线子系统缆线布放前要明确的问题，包括：干线子系统的范围和布线方式、具体的布线路由走向、干线电缆和光缆的类型，以及不同类型线缆的布放工艺差别。

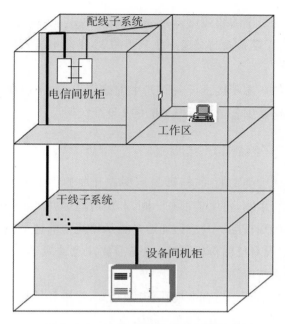

▲ 图 1.3.1 干线子系统缆线布放示意图

想一想：

干线子系统可以用双绞线吗？阻燃等级选什么？

一、干线子系统的构成要素

干线子系统应由设备间至电信间的主干线缆、安装在设备间的建筑物配线设备（BD）及设备线缆和跳线组成。（如图 1.3.2 所示）

想一想：

若设备间在 1 楼，5 楼的信号是如何通过干线子系统传送至 4 楼的？

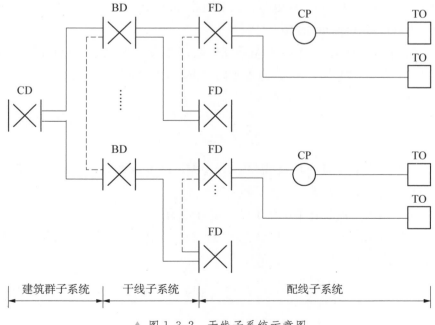

▲ 图 1.3.2 干线子系统示意图

想一想：

在生活中或学习场所有没有见到过干线缆？它是以什么样的方式布放的呢？

干线子系统采用的线缆可以是双绞线（干线电缆）或光缆（干线光缆）。干线电缆、干线光缆布放的交接不应多于两次，干线电缆布放时宜采用点对点端接。

干线线缆的一端端接于设备间的主配线架上，另一端在端接配线后通过管理跳线可连接到各个楼层电信间的 FD 配线架上。

二、 干线子系统的布线方式

建筑物有两大类型的通道，即封闭型和开放型。封闭型通道是指一连串上下对齐的交接间，每层楼都有一间，利用电缆竖井、电缆孔、电缆桥架等穿过这些房间的地板层。开放型通道是指从建筑物的地下室到楼顶的一个开放空间，中间没有任何楼板隔开，但是需要注意通风通道或电梯通道，不能敷设干线子系统电缆。

想一想：

为什么不能借助通风通道部署干线子系统？

干线子系统垂直通道有电缆孔、电缆竖井、管道和桥架等三种方式可供选择，宜采用电缆竖井的方式。

1. 电缆孔布线方法

电缆孔布线通常使用一根或数根外径 63—102 mm 的金属管预埋在楼板内，金属管高出地面 25—50 mm。

2. 电缆竖井布线方法

电缆竖井布线是常用的干线子系统布线方法，在新建工程中，推荐使用电缆竖井的方式。电缆竖井是指在每层楼板上开出一些方孔，孔洞一般不大于 600 mm×400 mm，使电缆可以抵达相邻的楼层。

3. 管道和桥架布线方法

管道布线可分为明导管和暗导管敷设，而桥架非常便于安放缆线，没有缆线穿过管道的麻烦。但是，考虑到防火要求，干线子系统布线应采用全封闭的槽式桥架。

三、 干线子系统布线时要准备的工具与材料

安装材料：12 芯室内光缆 20 m、6A 类屏蔽双绞线 20 m、五类 25 对双绞线电缆 20 m。（如表 1.3.1 所示）

安装辅材：尼龙扎带或魔术贴 1 包、标签纸若干。

安装工具：卷尺（3 m 以上）、剥线器、斜口钳、电工胶带、油性记号笔、标签打印机等。（如表 1.3.2 所示）

▲ 表 1.3.1 干线子系统布线安装材料

材料名称	图例	材料名称	图例
6A 类屏蔽四对双绞线	接地线 128网编制 加密双绞 抗拉绳 新料护套 十字骨架 屏蔽铝箔 无氧铜线芯 防水膜	室内光缆	
大对数双绞线电缆	CABLE VER	尼龙扎带	
魔术贴			

▲ 表 1.3.2 干线子系统布线主要安装工具

工具名称	图例	工具名称	图例
卷尺	3M	剥线器	
斜口钳		电工胶带	

查一查：

请查阅相关资料了解屏蔽双绞线线缆各层结构的用途与存在的必要性，屏蔽双绞线相比非屏蔽双绞线有何优点？

📖 活 动

活动一：室内光缆布放

操作要领

1. 干线光缆检验

光缆为脆弱易断裂的施工材料，在敷设光缆之前，必须对光缆进行检

验,检验要求如下:

(1)工程所用的光缆规格、型号、数量应符合设计的规定和合同要求。

(2)光纤所附标记、标签内容应齐全和清晰。

(3)光缆外护套需完整无损,光缆应有出厂质量检验合格证。

(4)光缆开盘后,应先检查光缆外观有无损伤,光缆端头封装是否良好。

(5)光纤跳线检验应符合下列规定:具有经过防火处理的光纤保护包皮,两端的活动连接器端面应装配有合适的保护盖帽,每根光纤接插线的光纤类型应有明显的标记,应符合设计要求。

(6)光纤衰减常数和光纤长度检验。在衰减测试时,可先用光时域反射仪进行测试,测试结果若超出标准或与出厂测试数据相差较大,要用光功率计测试,并将两种测试结果进行比较,以排除测试误差对实际测试结果的影响。要求对每根光纤进行长度测试,测试结果应与盘标长度一致,如果差别较大,则应从另一端进行测试或做通光检查,以判定是否有断纤现象。

2. 干线光缆布放

在弱电井内向下垂放敷设光缆,从光缆卷轴中缓慢牵引光缆,直到下一层的施工人员可以接到光缆并引入。

想一想:

干线子系统的缆线如果布放在强电竖井中,会有什么影响?

想一想:

干线子系统受潮,对电缆和光缆有没有影响?

注意事项

(1)当光缆达到最底层时,要使光缆松弛地盘在地上。

(2)干线子系统的缆线不应布放在电梯、供水、供气、供暖、强电等竖井中。

(3)在布线标准中,建筑群配线架(CD)到楼层配线架(FD)间的距离不应超过 2 000 m,建筑物配线架(BD)到楼层配线架(FD)的距离不应超过 500 m。

3. 干线光缆固定

从干线光缆的顶部开始,使用尼龙扎带将干线光缆扣牢在线缆桥架上。由上往下,在每隔 3 m 处安装尼龙扎带,直到干线光缆固定牢固,并确认光缆外套无破损。

活动二: 屏蔽双绞线和大对数电缆布放

屏蔽双绞线和大对数电缆作为铜介质电缆,与在干线布线系统中的布放方式基本相同。

操作要领

1. 缆线布放

在竖井和桥架内分类布放缆线,布缆方式与干线光缆相同。缆线布放应自然平直,单根缆线中途无接续,避免产生扭绞、打圈等现象,不应受到外力挤压而损伤。作为主干电缆,弯曲半径不应小于电缆外径的 10 倍。在每根线缆的两端使用油性记号笔制作临时标记,每端标记数量不少于 3 枚,间距不小于 0.5 m,编号一致且书写清晰。

2. 缆线预留

可参照机柜高度进行主干缆线末端预留,预留长度一般为机柜高度的两倍,有特殊要求的应按设计要求预留长度。

3. 缆线固定

在缆线进出桥架部位、转弯处,应使用尼龙扎带进行绑扎固定。在桥架内垂直进行缆线布放时,在缆线的上端和每隔 1.5 m 处应与桥架固定。屏蔽电缆的屏蔽层端到端应保持完好的导通性,为避免屏蔽层承载压力,不应绑扎过紧或使缆线受到挤压。

活动三: 干线子系统标识管理

操作要领

1. 线缆组标签制作

使用标签打印机,制作干线子系统线缆的线缆组标签。(如图 1.3.3 所示)

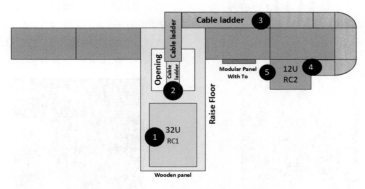

▲ 图 1.3.3　干线电缆的线缆标签

2. 线缆标签制作

使用标签打印机,制作每根干线的线缆标签。

3. 材料及设备标签制作

使用标签打印机制作机柜标签,并粘贴于机柜外框左(右)上角位置。

所有机柜均要有唯一的编号。

标签示例：

铜缆组1（名称：CO-1）在机架Rack(1)上的配线架（名称：1A）的1口与在机架Rack(2)上的配线架（名称：2A）的1口相连，1A的2口与2A的2口相连，等等。每根线缆两端都要标记。（如图1.3.4和1.3.5所示）

想一想：

如果某张标签意外遗失，如何判断标签内容？

议一议：

标签意外标记错误，如何快速定位线缆走向和对应关系？

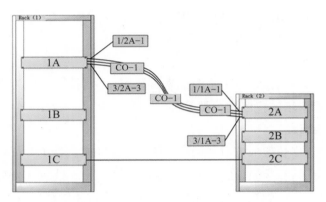

▲ 图1.3.4 干线子系统标签方法

用不带支架的配线架标记每根线缆

在每根线缆上打上标签，并在配线架支架上附加扎带固定；每根电缆上是在1个线缆扎带的后面加1个标签扎带

线缆路由中间的线缆标签

模块端接前，要在线缆末端打上线缆组的标签（进入配线架每根线缆标签的后面）

续表

光缆在机柜入口处的标签

光缆在槽道出口处的标签

▲ 图 1.3.5 干线子系统标签示例

想—想：

光缆和线缆在绑
扎时，有什么不同
的要求？

总结评价

依据世界技能大赛相关评分细则，本任务的评分标准详见表 1.3.3。其中，M 类是指技术评价的客观分，J 类是指过程、结果评价的主观分，总分为 10 分。

▲ 表 1.3.3 评分标准

评分类型	评分指标	评价标准	分值	得分
M1	按时完成	按时完成全部工作量	1	
M2	工艺质量	两端预留长度足够：铜缆(BD 机柜垂地长度)；光缆(BD 机柜两圈,FD 机柜两圈) 预留线缆在 BD 机柜内作侧边固定,缆线不落地	2	
		线缆分类、分束整理,绑扎 线缆不得掉落到槽道/桥架外 同类缆线无缠绕,机柜内预留线缆整理美观 线缆绑扎固定牢固,无重力下垂	2	
		沿布线设施做必要固定,要求符合转弯半径、无挤压、固定牢固、方便维护 绑扎符合规范要求	1	
M3	标识管理	标签填写规范、粘贴位置正确	1	
		铜缆桥架线缆标签(大机柜末端、桥架出口、桥架中间、桥架入口、小机柜末端)	0.5	
		光缆桥架线缆标签(大机柜入口、光纤槽道入口、光纤槽道出口、小机柜入口、两端设备入口)	0.5	

想—想：

如果线缆在机柜
中预留过短,会造
成什么影响？

续表

评分类型	评分指标	评价标准	分值	得分
M4	安全文明	若违规或出现安全事故,记录并警告	1	
J1	整顿素质	在实训开始之前,能充分准备好实训材料、工具;在实训过程中,能时刻保持工作区域的整齐、整洁;在实训完成时,能保持工具归位,剩余材料整理到位	0.5	
J2	安全文明	能在实训全程按照要求穿戴劳保服、劳保鞋,且在端接过程中佩戴护目镜、劳保手套,不出现安全违规操作	0.5	
		总分	10	

你的任务是否按时、高质高效完成了呢? 对照世赛相关评价标准了解施工过程中的注意事项和标准化操作,可在现场与教师保持互动,掌握更为清晰的评价要求。

拓展学习

信息网络布线线缆分类与以太网组网标准

根据布线系统常规应用的业务类型以及用户提出的出口传输速率和桌面传输速率需求,需要在信息网络布线方案中选择合适的组网标准,并依据物理传输介质的类型、接口和传输方式进行组网。

随着信息技术的发展,许多新颖的布线产品、网络系统和解决方案不断出现。信息网络布线系统的标准为电缆和连接器提供了最基本的元件规范,使不同厂家生产的布线产品具有相同等级。在参考布线系统的标准时,主要可以从以下几个标准体系来入手:元件标准、应用标准和测试标准。在对布线系统进行设计和测试时,使用的标准需要一致,有关涉及标准的更详细资料,务必直接参考标准原件。

常见的双绞线的分类、布线等级、支持带宽以及应用规范,可参考下列标准:

《国家标准 GB 50311－2016:综合布线系统工程设计规范》

《国际标准 ISO/IEC 11801:信息技术-用户基础设施结构化布线》

《美国标准 ANSI/TIA－568.0－D:商业建筑物电信布缆规范》

双绞线的电缆等级如表 1.3.4 所示。

想一想:

元件级、应用级、测试级三个测试等级标准有何区别? 为什么要指定不同等级?

▲ 表 1.3.4　双绞线的电缆等级

系统分级	系统分类	支持带宽(Hz)	备注
A 级		100 k	
	1 类	750 k	
B 级	2 类	1 M	
C 级	3 类	16 M	语音大对数电缆
	4 类	20 M	
D 级	5/5e 类	100 M	5e 类为市场主流产品
E 级	6 类	250 M	目前市场主流产品
EA 级	6A 类	500 M	10Gb/s 传输可达到 100 m
F 级	7 类	600 M	
FA 级	7A 类	1 000 M	
Class I	8 类	2 000 M	30 m 内传输速率高达 40 Gb/s
Class II	8 类	2 000 M	30 m 内传输速率高达 40 Gb/s

对于数据网络组建,常见的以太网组网标准如表 1.3.5、1.3.6 所示。

▲ 表 1.3.5　网络应用标准与网络传输介质的对应表

传输速率	网络标准	物理接口标准	传输介质	传输距离/m	备注
10Mbit/s	802.3	10Base2	细同轴电缆	185	已退出市场
		10Base5	粗同轴电缆	500	已退出市场
	802.3i	10Base - T	3 类双绞线	100	
	802.3j	10Base - F	光纤	2 000	
100Mbit/s	802.3u	100Base - T4	3 类双绞线	100	使用 4 个线对
		100Base - TX	5 类双绞线	100	用 12、36 线对
		100Base - FX	光纤	2 000	
1GMbit/s	802.3ab	1000Base - T	5 类以上双绞线	100	每对线缆既接收又发送

想一想:

不同等级的双绞线电缆分别适用于什么工作场景?

想一想:

带宽与速率一样么?

续表

传输速率	网络标准	物理接口标准	传输介质	传输距离/m	备注
	TIA/EIA 854	1000Base – TX	6类以上双绞线	100	2对发送，2对接收
		1000Base – SX	62.5μm 多模光纤/短波 850 nm 带宽 160 MHz·km	220	
		1000Base – SX	62.5μm 多模光纤/短波 850 nm 带宽 200 MHz·km	275	
		1000Base – SX	50 μm 多模光纤/短波 850 nm 带宽 400 MHz·km	500	
	802.3z	1000Base – SX	50 μm 多模光纤/短波 850 nm 带宽 500 MHz·km	550	
		1000Base – LX	多模光纤长波 1300 nm	550	
		1000Base – LX	单模光纤	5 000	
		1000Base – LX	150 平衡屏蔽双绞线（STP）	25	适用于机房中短距离连接

查一查：

40 G 和 100 G 主干高速网络采用什么标准、可以使用哪些传输介质、采用怎样的接口进行连接？

想一想：

为何多模光纤的传输距离比单模光纤的传输距离要短得多？

▲ 表 1.3.6　网络应用标准与网络传输介质

传输速率	网络标准	物理接口标准	传输介质	传输距离/m	备注
		10Gbase – SR	62.5μm 多模光纤/850 nm	26	
		10Gbase – SR	50 μm 多模光纤/850 nm	65	
		10Gbase – LR	9 μm 单模光纤/1310 nm	10 000	
10 Gb/s	802.3 ae	10Gbase – ER	9 μm 单模光纤/1550 nm	40 000	
		10Gbase – LX4	9 μm 单模光纤/1310 nm	10 000	WDM 波分复用
		10Gbase – SW	62.5μm 多模光纤/850 nm	26	物理层为 WAN

续表

传输速率	网络标准	物理接口标准	传输介质	传输距离/m	备注
		10Gbase – SW	50 μm 多模光纤/850 nm	65	物理层为 WAN
		10Gbase – LW	9 μm 单模光纤/1310 nm	10 000	物理层为 WAN
		10Gbase – EW	9 μm 单模光纤/1550 nm	40 000	物理层为 WAN
	802.3ak	10Gbase – CX4	同轴电缆	15	
	802.3an	10Gbase – T	6 类双绞线	55	使用 4 个线对
			6A 类以上双绞线	100	使用 4 个线对
	802.3bz	2.5Gbase – T	5e 类双绞线	100	基于 10 Gbase – T, 支持 Wave2 802.11ac Wi-Fi，支持 PoE
		5Gbase – T	6 类双绞线		

 思考与训练

在干线子系统布线的这个任务中，除了按照业主方的需求进行施工外，还可以进一步去学习布线和网络传输的关系。

1. 若用户需实现千兆到桌面的数据传输，你将建议如何选择水平和主干布线系统的线缆类型？请写下你的选型依据。

2. 若考虑到网络安全，请你选择合适的布线种类，说明该布线种类对网络安全所起到的作用，并简述原理。

3. 技能训练：请结合你项目中的干线布线系统部分的连接器件及链路标签制作点位表单，表单中在各等级线路出入口或交接口按管理系统的色标设置对应的底纹颜色。根据布线方案在表单中标出测试端口。

想一想：

超五类网线能否支持千兆或者更高速率？为什么布线系统不直接使用最高等级的线缆？

任务四　电信间配线设备安装

学习目标

- 能使用螺丝刀等工具安装机架型配线设备;
- 能使用 110 打线工具在电信间内端接网络配线设备;
- 能使用 KRONE 打线工具在电信间内端接语音配线设备;
- 能使用标签打印机制作机柜、配线架和线缆标识;
- 养成施工前做好个人防护穿戴,施工过程中合理、便携地使用操作工具,施工完成后清理施工现场的安全文明操作习惯;培育和弘扬严谨认真、精益求精、追求完美的工匠精神。

议一议:

KRONE 打线工具与 110 打线工具能否通用?为什么?

情景任务

在上一个任务中,你已经完成了配线子系统和干线子系统的缆线布放工作,墙面信息插座的信号已经能够到达电信间机柜内的楼层配线设备(FD),干线子系统的缆线也从电信间跨越了楼层到达设备间。

本任务中,你需要在电信间内分别完成配线子系统配线设备的安装与端接,以及干线子系统配线设备的安装与端接工作。(如图 1.4.1 所示)

想一想:

每一个电信间内都必须要安装网络交换设备吗?

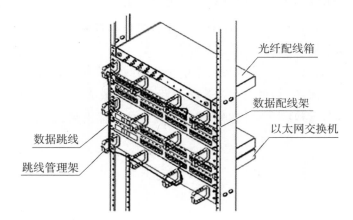

光纤配线箱

数据配线架

以太网交换机

数据跳线

跳线管理架

▲ 图 1.4.1　机柜设备安装图

当前,两个楼层的电信间内均有一个机柜,既有通往信息插座的配线子系统缆线,也有从设备间布放的干线线路。在安装完配线设备之后,应对电信间机柜内的所有线路、配线设备和接线端口的永久性标签进行完整性检查,以满足配线子系统配线设备与干线子系统配线设备之间的管理要求。

思路与方法

信息网络布线系统中的配线子系统线缆在电信间机柜内通过楼层配线架(FD)实现统一管理,配线设备的安装与端接内容主要包括确定线缆的类型和数量、机柜的配置方法、配线设备选型、缆线端接与测试方案等。

查一查:

自行查阅《GB50311综合布线系统工程设计规范》相关内容。

一、电信间的配置要求

信息网络布线系统配置中电信间应符合下列规定:

(1)电信间数量应按所服务楼层面积及工作区信息点密度与数量确定。

(2)当同楼层信息点数量不大于 400 个时,宜设置 1 个电信间;当楼层信息点数量大于 400 个时,宜设置 2 个及以上电信间。

(3)当同楼层信息点数量较少,且各工作区到配线子系统缆线长度在90 m 范围内时,可多个楼层合并使用一个电信间。

想一想:

为什么电信间的配置和配线子系统的缆线长度有关?

二、机柜设备选型

大多数工程级设备都统一采用 19 英寸的面板宽度,安装孔距为 465 mm。因此,机柜只要能满足 19 英寸设备的安装,则该机柜就可称为标准机柜。

19 英寸标准机柜内设备安装所占高度用一个特殊单位"U"表示,1 U=44.45 mm,相当于机柜安装孔的 3 格。常见的 24 口机架型网络配线架高度为 1 U,24 口机架型网络交换机高度也是 1 U。对于一些桌面型设备,大多可以通过机柜层板放入机柜。机柜的高度应按摆放设备的数量与高度确定。

此外,机柜类型需要根据安装形式进行选择,具体有开放式机架、立式机柜、壁挂式机柜等。(如图 1.4.2 所示)

想一想:

你是否在实际生活中见到过电信间又或是在楼道内见到过机柜等设备呢?

▲ 图 1.4.2 机柜设备

三、 电信间配线设备的类型

目前,电信间常见的配线设备有网络配线架和语音配线架两大类。

1. 网络配线架

网络配线架是一种用于对线缆进行管理的模块化设备。(如图 1.4.3 所示)

想一想:

角型配线架的优点和缺点是什么?

提示:

配线架不是一次性的配件,后端打线部分可以反复使用,但是打线次数不宜过多。

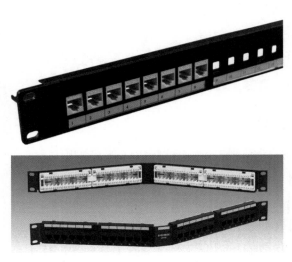

▲ 图 1.4.3　网络配线架的外观

机架型网络配线架可安装于 19 英寸标准机柜内,主要有 24 口和 48 口两种规格,可用于端接 4 对双绞线电缆。以配线子系统为例,数据线路可使用网络跳线直接连接至网络设备,模拟语音线路如使用网络配线架,可使用 RJ45 - 110 转换跳线连接到干线子系统的 110 语音配线架。

根据电缆的型号和结构不同,网络配线架也应选择相匹配的型号,以确保整个链路类别与性能需求一致。例如,使用超五类非屏蔽双绞线进行布线时应选用超五类非屏蔽网络配线架,使用屏蔽双绞线时应选用屏蔽配线架。

2. 语音配线架

在信息网络布线系统中,除数据业务以外,语音业务也是一项基本的业务类型。语音干线一般选择大对数双绞线电缆。为方便安装和管理,大对数双绞线电缆采用 25 对国际工业标准彩色编码进行管理,护套内的每个 25 对线束有不同的颜色编码,同一线束内的每个线对又有不同的颜色编码。(如图 1.4.4 所示)

典型的端口型语音配线架有 25 口语音配线架等(如图 1.4.5 所示),该配线设备能满足语音传输,用三类线传输时传输带宽大于 16 MHz。

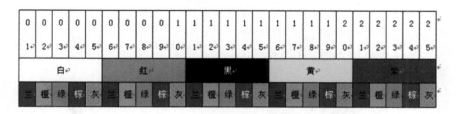

▲ 图 1.4.4　大对数电缆色序

▲ 图 1.4.5　25 口语音配线架

想一想：

如图所示的 25 口
语音配线架上的
黄绿线是什么线？

四、 配线设备安装时需要使用的设备、工具与材料

设备与材料：任务二、三中的配线子系统缆线与干线子系统缆线、24 口
超五类网络配线架 1 个、25 口语音配线架 1 个、屏蔽配线架 1 个、110 型语
音配线架 1 个、光纤配线架 1 个。（如表 1.4.1 所示）

安装辅材：魔术贴或尼布扎带 1 包、标签纸若干、机柜螺丝 20 个。

安装工具：剥线器、单对 110 型打线工具、水口钳、鲤鱼钳、验证测试仪
等。（如表 1.4.2 所示）

▲ 表 1.4.1　干线子系统布线安装材料及辅材

想一想：

语音端口中的一
路和两路语音线
序是如何定义的？

材料名称	图例	材料名称	图例
24 口超五类网络配线架		25 口语音配线架	
屏蔽配线架		110 型语音配线架	
魔术贴		尼龙扎带	

▲ 表 1.4.2　工作区布线安装工具

工具名称	图例	工具名称	图例
剥线器		单对 110 型打线工具（110 打线刀）	
水口钳		鲤鱼钳	
验证测试仪			

活动

活动一：　电信间机柜检查

本任务中,二楼电信间选用壁挂式 9U 机柜,已预装于电信间靠近桥架的墙面。机柜内的设备安装位置已确定,并绘制了机柜设备安装示意图。（如图 1.4.6 所示）

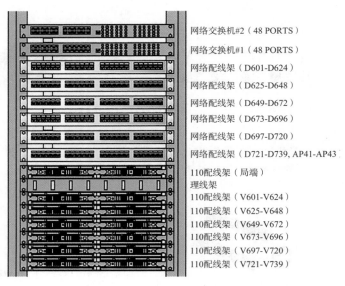

网络交换机#2（48 PORTS）
网络交换机#1（48 PORTS）
网络配线架（D601-D624）
网络配线架（D625-D648）
网络配线架（D649-D672）
网络配线架（D673-D696）
网络配线架（D697-D720）
网络配线架（D721-D739, AP41-AP43）
110配线架（局端）
理线架
110配线架（V601-V624）
110配线架（V625-V648）
110配线架（V649-V672）
110配线架（V673-V696）
110配线架（V697-V720）
110配线架（V721-V739）

▲ 图 1.4.6　机柜设备安装示意图

操作要领

1. 机柜检查

观察机柜的内部构造和安装部位及固定方式,熟悉机柜柜门的开合方式和拆卸方式。

检查配线子系统缆线与干线子系统缆线的线缆组,再次确认线缆组标签与线缆标签均已齐全。

2. 机架型设备的安装位置确定

机柜内左右两侧的安装立柱上印有安装高度,对照机柜设备安装示意图,在指定安装高度的安装孔上预装机柜螺母。

提示:

一般在安装配线架时,机柜的门都是先卸在一边,等安装完成后,再将机柜门安装好。

注意事项

若机柜进线口与桥架出线口的距离较远,又没有条件加装桥架,可使用金属软管或线束缠绕套管对缆线进行保护。

活动二: 网络配线架端接

本活动将在模块化网络配线架上进行超五类线路端接,使网络配线架与信息模块相连,完成超五类链路的制作。

操作要领

1. 网络配线架信息模块端接

将模块化配线架组件取出,有 24 口空板与 24 只免打型超五类信息模块。使用简易剥线器、水口钳和鲤鱼钳,为每一根配线子系统的线缆端接一个信息模块。具体的端接方式和步骤可参照任务一中的活动二。

2. 网络配线架空板与信息模块组装

将信息模块按线缆标签依序卡接于网络配线架空板,并使用尼龙扎带将线缆与网络配线架的后端理线架绑扎牢固。可以通过提拉线缆进行检查,确认牢固后剪去多余的尼龙扎带。(如图 1.4.7 所示)

3. 永久链路验证测试

打开验证测试仪,使用 2 条网络跳线分别连接网络配线架端口和墙面信息插座中的信息模块进行验证测试,每一个端口均要测试,如有故障需要记录和排查。

4. 机柜内线路整理

整理步骤:

想一想:

在网络配线架信息模块端接时,是先完成信息模块的安装还是先写标签?

议一议：

配线架后方理线，对于不同类型的双绞线，如何进行理线？

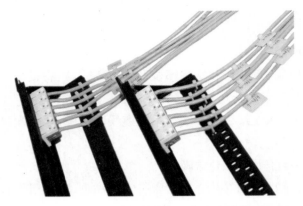

▲ 图 1.4.7　超五类非屏蔽配线架完成端接演示图

（1）从机柜进线处开始整理电缆，进线处做线缆分类绑扎固定。

（2）将预留线缆盘圈整理平顺，置于机柜底部或后侧。

（3）检查单根电缆的线缆标记。

（4）检查电缆在配线设备入口位置是否有良好的绑扎固定。

（5）机柜进线处要做好线缆束标签。

（6）电信间机柜内应盘圈预留 0.5—2 m 的电缆。

5. 设备上架

使用十字螺丝刀和 4 颗机柜螺丝，将安装完成的网络配线架安装到机柜内的指定位置。依据实际情况，设备上架与机柜内线路整理工作可交替进行。

使用同样的方法安装水平理线架，水平理线架应安装于网络配线架的下侧 1 U。

为尚未安装的屏蔽配线架预留好安装位置。

清理机柜，合上柜门，网络配线架端接工作结束。

想一想：

网络配线架在背面进行端接，理线架为什么安装在正面？它的作用是什么？

注意事项

必须检查网络配线架铭牌、端口号与标签，正面（接插端口所在面）朝外，方向正确，避免安装颠倒。

活动三：　在 25 口语音配线架上端接大对数电缆

本活动将按 25 对大对数电缆的颜色编码，在 25 口语音配线架上完成一条语音干线安装。

操作要领

1. 外护套剥除

将干线子系统布线的大对数电缆从机柜中引出,用剥线器把大对数电缆的外护套剥除,剥除长度 900 mm。随后剪去塑料束带,让线对束散开,并保持每个线对的绞距。在 25 对语音配线架后端一侧,使用两条尼龙扎带交叉固定好电缆外护套。(如图 1.4.8 所示)

▲ 图 1.4.8 开剥和固定大对数电缆

2. 线对排列

将大对数双绞线线缆中的 25 个线对按线序排列。领示色为白、红、黑、黄、紫,循环色为蓝、橙、绿、棕、灰,从白蓝至紫灰共 25 对。剥好的大对数线缆盘留 500 mm 作备用。(如图 1.4.9 所示)

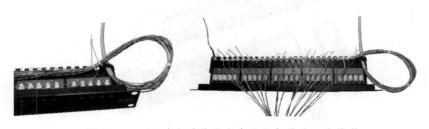

▲ 图 1.4.9 25 对大对数线束在配线架的分配和绑扎

将对应颜色的线对按照配线架面板的端口编号,以"从小到大"的顺序对每个端口逐一压接,仔细将线对压入端口后部的线位卡槽内,端接工艺与模块端接相同。尽量保持每对线的绞距,在待端接的卡槽处再进行线对拆分。(如图 1.4.10 所示)

3. 线对端接

使用单对 110 型打线刀端接线对,刀头要与配线架垂直,切线口向外,在端接的同时将伸出槽位外余线截断。(如图 1.4.11 所示)

想一想:

为什么 25 口语音配线架进线在设备接地端的另一侧,如果固定在接地端的这一侧会有什么影响?

想一想:

将双绞线完全开绞后进行端接的行为是否正确?

想一想:

端接完成后,为什么在配线架旁需要预留部分线缆?

▲ 图 1.4.10　排线与打线

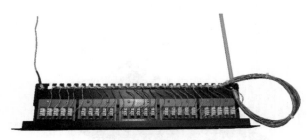

▲ 图 1.4.11　剪扎带

4. 验证测试

打开验证测试仪,使用 2 条网络跳线分别连接语音配线架端口和墙面信息插座中的信息模块进行验证测试,每一个端口均要测试,如有故障需要记录和排查。(如图 1.4.12 所示)

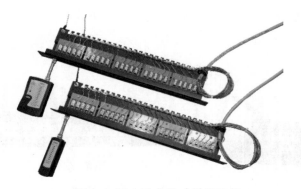

▲ 图 1.4.12　语音线对测试示例

5. 机柜内线路整理

整理电缆并分类绑扎固定,检查线缆标记。

6. 设备上架

使用十字螺丝刀和 4 颗机柜螺丝,将安装完成的语音配线架安装到机柜内的指定位置。依据实际情况,设备上架与机柜内线路整理工作可交替进行。

想一想:

配线设备上架时如何确定使用左侧进线还是右侧进线?

活动四：电信间标识管理

操作要领

1. 设备标签制作与检查

使用标签打印机为所有配线架制作标签，将网络配线架和语音配线架的配线架标签粘贴于配线架的左侧。（如图 1.4.13 所示）

注意：

配线架标签不可覆盖端口及螺丝安装孔，否则影响使用。

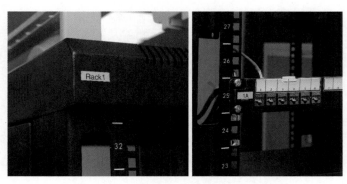

▲ 图 1.4.13　机柜标签与配线架标签位置

检查所有设备的标签，每个设备都有标签，标签位置正确，并粘贴于统一位置。仔细核对每台设备的名称与标签编号，所有设备编号均需要登记在案。

2. 端口标签制作与检查

使用标签打印机为所有端口制作标签，并将端口标签粘贴于端口上方或下方的标签位置。（如图 1.4.14 所示）

想一想：

配线架前端接插口的标签有何作用？

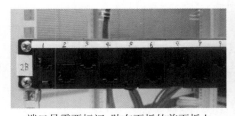
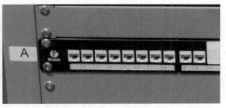

端口号需要标记，贴在面板的前面板上　　　　面板已经有端口号，可以不标记

▲ 图 1.4.14　端口标签

检查配线架上的所有已端接端口前端，均应有设备端口标签与其对应，标签内容一般为该端口所对应的信息点编号。

3. 检查与收尾操作

再次检查所有的工作，确认无误后合上所有机柜门，配线子系统电信间侧的设备安装已完成。

🔍 总结评价

依据世界技能大赛相关评分细则,本任务的评分标准详见表 1.4.3。其中,M 类是指技术评价的客观分,J 类是指过程、结果评价的主观分,总分为 10 分。

▲ 表 1.4.3 评分标准

评分类型	评分指标	评价标准	分值	得分
M1	按时完成	按时完成全部工作量	0.5	
M2	测试结果	安装完成的链路能通过随工测试	2	
M3	链路安装管理	机柜进线口线缆无缠绕交叉	0.5	
		机柜底部线缆整理美观整齐	0.5	
		大对数电缆色序排列正确(主、辅)	0.5	
		开剥及端接时芯线无受损,绝缘层无破损	0.5	
		线路在 25 口语音配线架上绑扎固定符合要求	0.5	
	设备安装规范	25 口语音配线架及其理线架安装位置正确、牢固	0.5	
		网络配线及其理线架安装位置正确、牢固	0.5	
		机柜及柜门安装到位	1	
M4	标识管理	标签填写规范、粘贴位置正确(机柜、配架、端口、单根线缆)	1	
		标签排布标准整齐,平整且朝向统一	0.5	
J1	整顿素质	在实训开始之前,能充分准备好实训材料、工具;在实训过程中,能时刻保持工作区域的整齐、整洁;在实训完成时,能保持工具归位,剩余材料整理到位	1	
J2	安全文明	能在实训全程按照要求穿戴劳保服、劳保鞋,且在端接过程中佩戴护目镜、劳保手套,不出现安全违规操作	0.5	
		总分	10	

想一想:

如果芯线受损,会对通信产生什么影响?

提示:

注意检查 25 口语音配线架的接地线是否按照规范安装。

智能大楼电信间中楼层配线设备（FD）的多种配置结构

在实际的工程项目中，往往会根据管理要求、设备间和配线间空间要求、信息点分布等多种情况，将电信间中楼层配线设备（FD）关系进行灵活的设计，形成多种配置结构。请观察不同的设计模型，拓展学习各种情况下的 FD 设计方法。

1. 建筑物标准 FD-BD 结构

即最常见的大楼设备间放 BD，电信间放 FD 的结构。（如图 1.4.15 所示）

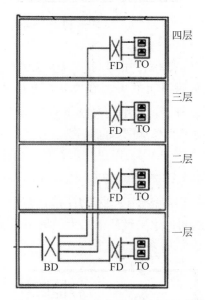

▲ 图 1.4.15　建筑物标准 FD-BD 结构

想一想：

标准 FD-BD 结构中，TO 至 FD 的最远距离是多少？

想一想：

设备间是否可以设置在大楼地下室？

2. 建筑物 FD/BD 结构

这种结构就是建筑物中没有楼层配线间，FD 和 BD 全部设置在设备间。（如图 1.4.16 所示）

适用于两种情况：

（1）小型建筑物中信息点少且 TO 至 BD 之间电缆的最大长度不应超过 90 m，没有必要为每个楼层设置一个楼层。

（2）当建筑物不大但信息点很多且 TO 至 BD 之间电缆的最大长度不超过 90 m 时，为便于维护管理和减少对空间占用的目的便会采用这种结构。特别是结构老旧的大楼，每层楼信息点很多，而旧楼大多在设计时没有

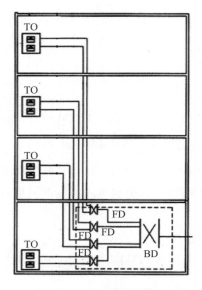

▲ 图 1.4.16　建筑物 FD-BD 结构

考虑信息网络布线系统,如果占用房间作为楼层配线间,势必占用房间资源。这些大楼的层高如果不超过 3 m,在公共走廊吊装壁挂式机柜,既不安全,又不便管理。因此,许多旧楼的信息网络布线系统采用了这种结构。

3. 建筑物 FD-BD 共用楼层配线间结构

当智能建筑的楼层面积不大、用户信息点数量不多时,为了简化网络结构和减少接续设备,可以采取每相邻几个楼层共用一个楼层配线架 FD、由中间楼层的 FD 分别与相邻楼层的通信引出端(TO)相连的连接方法。但是要满足 TO 至 FD 之间的水平缆线的最大长度不应超过 90 m 的标准传输通道限制。(如图 1.4.17 所示)

想一想:

这种共用楼层配线架的结构是否可以根据实际需要改变?例如某大楼设计初期 3 - 5 层共用一个楼层配线架,后来由于某些原因 5 层需要一个单独楼层配线架,是否可以更改?

议一议:

图 1.4.17 建筑物标准 FD-BD 共用楼层配线间结构中,一层和二层的 TO 能否直接放线至 BD?

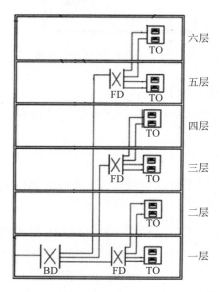

▲ 图 1.4.17　建筑物 FD-BD 共用楼层配线间结构

1. 请你比较信息网络布线系统中的各类传输介质，说一说这些传输介质在物理结构和传输特性上的异同，并能够准确找出与这些传输介质相连接的网络设备型号。

2. 请你查阅资料，说一说 100 对大对数电缆在安装时，应如何区分这些线对？

3. 技能训练：六类布线系统与超五类布线系统相比，具有更大的带宽，可支持更高的传输速率，但施工难度也更高。现在，学校某计算机机房原用的超五类布线系统需要更新为六类布线系统，采用地板下线槽布线方式。请你完成该机房中配线子系统的布线和测试工作。

查一查：

工程中常用线缆品牌有哪些？

任务五 设备间配线设备安装

学习目标

- 能安装和抽拽线缆,会安装机架机柜、配线架、信息插座和网络设备;
- 能使用网络测试仪对数据链路、语音链路进行测试;
- 能使用光源对光纤链路进行通断测试;
- 能依据标准、规范完成设备间标识的制作管理;
- 养成施工前做好个人防护穿戴,施工过程中合理、便携地使用操作工具,施工完成后清理施工现场的安全文明操作习惯;培育和弘扬对工作执着、对项目负责的态度,以及在技术上不断追求完美和极致的工匠精神。

情景任务

查一查:

如果需要从一捆四对双绞线中找出其中的一根,可以使用什么仪器?

在之前的任务中你已经完成了电信间配线设备的安装工作,单个楼层中的缆线已经能够连通,主干线路位于电信间的单端也已经端接完毕,信号已经能够通过主干线缆跨越楼层到达设备间。

当前在设备间机柜内,已有从各个楼层电信间布放而来的多根主干线路,包括大对数双绞线电缆等。在本任务中,你的工作是依次完成各干线线缆两端的安装,并对安装完成的各条链路进行测试。(如图 1.5.1 所示)

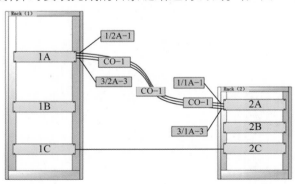

▲ 图 1.5.1 线路标识体系

此外,还需制作和检查设备间中的标签标识,以达到通过标识体系动态管理整个建筑物信息网络布线系统的目标。

查一查:

电子配线架是什么？能起到什么作用？

思路与方法

与电信间安装类似,设备间配线设备安装的主要内容为依据干线的类型和数量,确定机柜的配置方法、配线设备选型、缆线端接与测试方案等。

一、设备间的配置要求

GB 50311-2016《综合布线系统工程设计规范》中说明,设备间应为在每栋建筑物的适当地点进行配线管理、网络管理和信息交换的场地。信息网络布线系统设备间宜安装建筑物配线设备、建筑群配线设备、以太网交换机、电话交换机、计算机网络设备。(如图1.5.2所示)

想一想:

人员可以随意进入设备间吗？

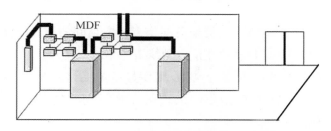

▲ 图 1.5.2 设备间(及进线间)示意图

注意事项

设备间除布线设备以外,还有各类交换、服务设备,实现对弱电系统各类信息业务的管理。(如图1.5.3所示)

▲ 图 1.5.3 设备间的配线设备及线路管理

设备间主要通过建筑物配线设备（BD）和建筑群配线设备（CD）实现布线线路的交接和管理。

二、干线连接材料

根据布线材料的种类，相应地选配连接材料。干线子系统选用大对数线构成语音干线，选用 Cat6A 屏蔽电缆和室内光缆构成数据干线。

屏蔽配线架的外观，如图 1.5.4 所示。

想一想：

屏蔽布线系统的安全性、保密性体现在哪些方面？

▲ 图 1.5.4　FTP 整体式屏蔽配线架和模块化屏蔽配线架

本建筑物布线系统中，一楼设备间至二楼电信间的语音干线两端分接于 110 型配线架和 25 口模块化语音配线架。

想一想：

使用网线测试仪如何测试 110 型配线架上的链路？

110 型系列配线架有多种结构，图中显示为夹接式的 110A 型（如图 1.5.5 左上所示）、110D 型（如图 1.5.5 左下所示）和接插式的 110P 型（如图 1.5.5 右侧所示）。

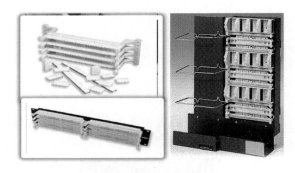

▲ 图 1.5.5　110A/110D/110P 型配线架的外观结构

110 型配线架系统使用方便的插拔式快接式跳接，可以简单地进行回路的重新排列，为非专业技术人员管理交叉连接系统提供了方便。110 型配线架主要应用于电话配线，也可应用于语音、数据的综合配线。

110 型配线架的配件中有连接块（Connection Block），称为 110C，一般有 4 对线（110C-4）和 5 对线（110C-5）规格，分别用于四对双绞线与 25 对以上大对数双绞线电缆的端接。在 2 芯模拟或 2 芯数字电话通信中，每一对线可传输一路话音信号。

光纤传输主要在光纤终端盒、光纤配线架内实现光纤接续,其他的连接材料包括光纤连接器、光纤耦合器等。(如图 1.5.6 所示)

光纤终端盒外观图　　　　SC 光纤耦合器　　　　　　　光纤配线架

▲ 图 1.5.6　光纤配线系统中各个组成部分

光纤配线架(ODF)是光缆布线系统中一个重要的配套设备,主要用于光缆终端的光纤熔接、光纤连接器安装、光路的调配、多余尾纤的存储及光缆的保护等,它对于光纤通信网络安全运行和灵活使用有着重要的作用。

想一想:

光纤的传输模式有哪些?

三、需要准备的工具与材料

设备与材料:任务三中的干线子系统缆线、六类屏蔽配线架 1 个、110 型语音配线架 1 个、光纤配线架 2 个、设备间机柜(立式)1 台。(如表 1.5.1 所示)

安装辅材:扎带或魔术贴 1 包、标签纸若干、机柜螺丝、卡扣 30 个、酒精(纯度 95% 以上)100 ml、脱脂棉片 20 片、热缩管 30 根。(如表 1.5.1 所示)

安装工具:剥线器、单对 110 型打线工具、水口钳、五对 110 型打线工具、鲤鱼钳、验证测试仪、米勒钳、横向开缆刀、光纤切割刀、红光笔、光纤熔接机。(如表 1.5.2 所示)

议一议:

为什么需要使用纯度 95% 以上的酒精?是否有其他替代物或能否使用低浓度的酒精代替?

▲ 表 1.5.1　设备间布线安装材料

材料名称	图例	材料名称	图例
设备间柜机(立式)		六类屏蔽配线架	
110 型语音配线架		光纤配线架	

续表

材料名称	图例	材料名称	图例
尼龙扎带		魔术贴	
热缩管和脱脂棉片	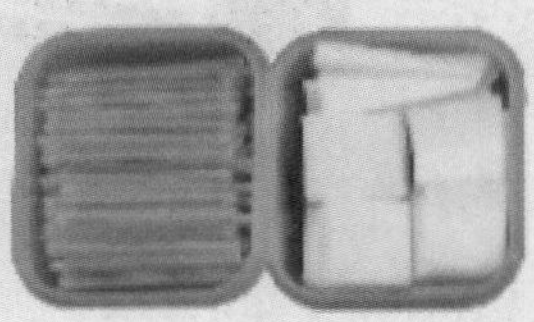	机柜卡扣、螺丝	
酒精		标签纸	

▲ 表 1.5.2　设备间布线安装工具

工具名称	图例	工具名称	图例
剥线器	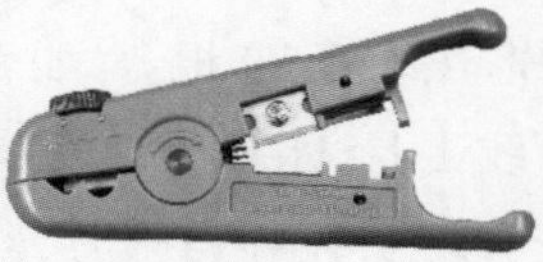	单对 110 型打线工具（110 打线刀）	
水口钳	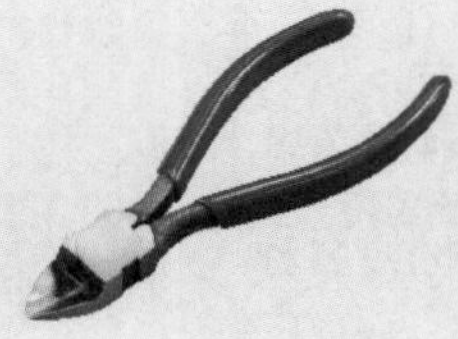	五对 110 型打线工具（110 打线刀）	
鲤鱼钳	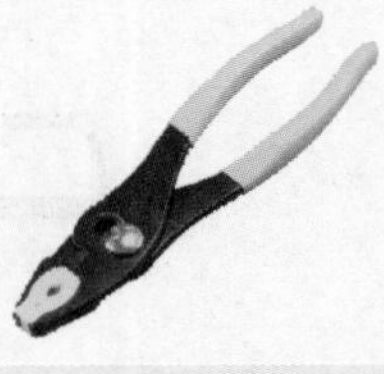	验证测试仪	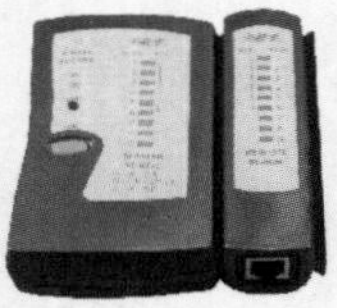
米勒钳	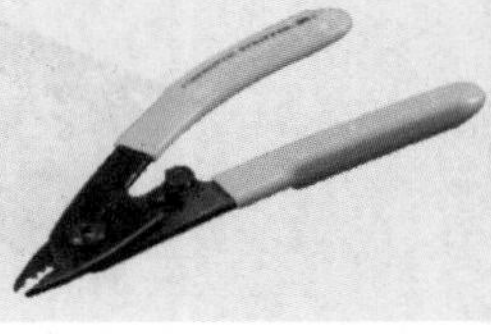	横向开缆刀	

提示：

使用各类工具前应掌握其正确使用方法，以免因操作不当引发人员受伤或工具损坏。

提示：

先进的光纤切割刀能够使用无线方式与光纤熔接机进行通讯，具有无线获取切割次数、刀片状态，以及电动调整刀片高度等功能。

续表

工具名称	图例	工具名称	图例
光纤切割刀		光纤熔接机	
红光笔			

 **活 动**

活动一：设备间机柜配置与检查

设备间机柜一般为 42 U 标准立式机柜,机柜深度依据安装设备的净深进行配置,一般为 600—1 200 mm,并可考虑预留冗余空间和扩展空间。

有时,机柜在到达安装位置后需要进行部件组装和调整,机柜安装步骤如图 1.5.7 所示。

操作要领

1. 安放位置检查

检查机柜、设备的排列布置、安装位置和设备朝向,这些都应符合设计要求。

对所安装机柜的前后柜门与侧板进行开合动作试验,并观察柜门打开的角度。确保所有的柜门与侧板都容易打开,以便于对设备进行安装和维护操作。

安装后的垂直偏差度均不应大于 3 mm。机柜和设备前应预留 1 500 mm 的空间,其背面距离墙面应大于 800 mm,以便人员施工、维护和通行。

2. 牢固度检查

机柜和设备上各种零件不应松动或损坏,重点检查部位包括散热风扇、弱电接地柱等易松动部件。在外观检查时,机柜喷塑表面如有损坏或脱落,应予以更换。

在有抗震要求时,应根据设计规定或施工图中防震措施要求进行抗震加固。各种螺丝必须拧紧,无松动、缺少、损坏或锈蚀等缺陷,机柜不应有摇晃现象。

想一想:

光纤配线设备适合安装在机柜的上方还是下方?

想一想:

设备间层高对于
机柜、设备是否有
影响?

想一想:

对于重量较重的
网络设备,采用何
种方式稳固安装?

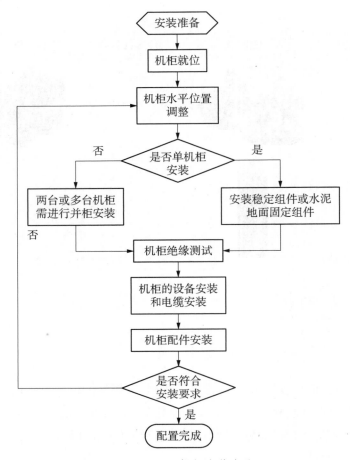

▲ 图 1.5.7　机柜安装步骤

3. 线缆组固定

尚未连接设备的柜外与柜间的线缆,按设计要求从机柜上部、下部和底部进入机柜,使用尼龙扎带绑扎,为端接做好准备工作。

活动二: 110 型语音配线架端接

操作要领

1. 外护套剥除

将大对数双绞线电缆沿机柜两侧的垂直理线架放线至配线架安装位置,留出大约 700 mm,将电缆穿过 110 型语音配线架左侧或中间的进线孔,用剥线器把大对数电缆的外护套剥去,预留一个配线架宽度长的线缆以作备用,使用绑扎带固定好电缆,摆放至配线架打线处。(如图 1.5.8 所示)

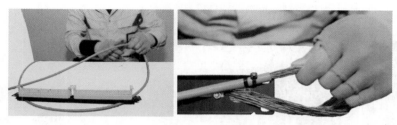

▲ 图 1.5.8　大对数电缆的进线和预留

2. 线对排列

将大对数双绞线线缆中的 25 个线对按线序排列。领示色为白、红、黑、黄、紫,循环色为蓝、橙、绿、棕、灰,从白蓝至紫灰共 25 对。

根据电缆色谱排列顺序,将对应颜色的线对按"从左到右"次序逐一压入配线架线位卡槽内,每对线在卡槽处拆分线对。每个线对压入时,领示色位于左侧,循环色位于右侧。(如图 1.5.9 所示)

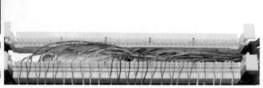

▲ 图 1.5.9　线对排列

3. 线对端接

准备 5 对 110 型打线刀。

使用 110 型打线刀端接线对,刀头要与配线架垂直,切线口向外,在端接的同时将伸出槽位外余线截断。(如图 1.5.10 所示)

▲ 图 1.5.10　打线和剪线处理

4. 110 型连接块安装

准备 110 型连接块。

先将 110 型连接块放入 5 对 110 型打线刀中,随后把连接块对准配线架后槽,再次检查色序,将连接块垂直压入后槽内,并制作编号标签。(如图

想一想:

为什么线缆端接都要求预留?

提示:

5 对 110 型打线刀冲击力高达 75 kg,需要将刀口完全卡入五对块模块,且刀头垂直对准 110 型配线架后小心用力完成端接。若未按照规范进行操作,可能会对人体造成伤害。

想一想:

一旦发现 110 型配线架线序有错乱,如何处理?

1.5.11 所示）

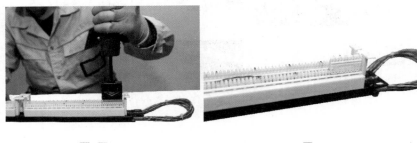

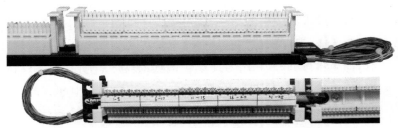

▲ 图 1.5.11　安装 110 配线架五对块及标签条

大对数双绞电缆另一端的 110 型语音配线架端接，请重复以上操作要领 1—4。

5. 验证测试

打开验证测试仪，使用 2 条鸭嘴跳线分别连接 2 个语音配线架，查看测试结果，确保连接无故障。（如图 1.5.12 所示）

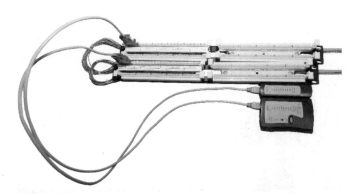

▲ 图 1.5.12　大对数电缆的线对测试

活动三：　屏蔽信息模块端接

操作要领

1. 外护套剥除

使用剥线器剥除屏蔽电缆的外护套，长度约 50 mm。保留金属丝，剪去撕裂

绳、屏蔽网、屏蔽金属箔、包裹层,以及线缆中的十字骨架。(如图 1.5.13 所示)

检查剥线口是否有芯线损伤断折,接地金属丝是否有刮划痕迹。

想一想:

能否剪掉屏蔽金属丝?

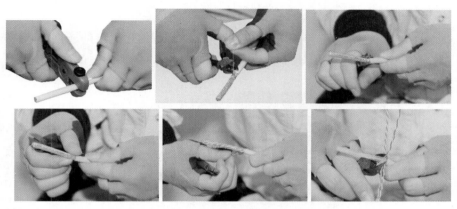

▲ 图 1.5.13 屏蔽电缆的剥线处理

2. 线对排列

先将线缆穿过模块后盖,按 T568B 标准的色标顺序理清线序,将芯线依序插入打线柱中,并剪去外侧多余的芯线。(如图 1.5.14 所示)

提示:

芯线插入打线柱后,再次检查线序是否正确。

▲ 图 1.5.14 屏蔽信息模块的底座排线

3. 屏蔽信息模块端接

将连好线缆的后盖与屏蔽信息模块主体卡接,外壳合上卡紧,并将金属丝绕在模块上,所绕圈数大于一圈。(如图 1.5.15 所示)

想一想:

为什么要将金属丝绕在模块上?

▲ 图 1.5.15 屏蔽信息模块的端接

4. 屏蔽信息模块绑扎

使用尼龙扎带绑扎屏蔽信息模块,紧固住屏蔽信息模块的连接件,剪去多余的尼龙扎带和屏蔽网,完成屏蔽信息模块制作。(如图 1.5.16 所示)

▲ 图 1.5.16 用扎带固定住模块尾端

5. 屏蔽信息模块组装

将制作连接完成的屏蔽信息模块固定到屏蔽配线架空板的指定端口。(如图 1.5.17 所示)

提示:

屏蔽层的连通性是六类屏蔽信息模块的"屏蔽"性能是否起效的关键。

▲ 图 1.5.17 在配线架上完成模块化安装

屏蔽线缆的另一端,重复以上操作要领 1—5。

6. 验证测试

想一想:

此处验证测试应该使用什么类型的网络跳线进行测试?

打开验证测试仪,使用 2 条网络跳线分别连接 2 个配线架的相连端口,查看测试结果,除了确保数据线对连接无故障之外,更要确认屏蔽层的连通性,即验证测试仪上的"G"指示灯必须点亮。(如图 1.5.18 所示)

▲ 图 1.5.18　屏蔽配线架验证测试

活动四：　室内光缆端接

数据干线常选择室内多模光缆或室内单模光缆。在建筑物设备间及楼层电信间内，干线光缆分别与光纤配线架内的尾纤一一连接，尾纤带连接器的一端连接光纤耦合器，提供设备接插口。光纤接续的关键操作为光纤熔接，本实践活动为光纤熔接训练项目。

操作要领

1. 熔接准备

将光纤熔接机从工具箱内取出，接通电源。长按电源键，开启设备。熔接机自检，设置工作模式，确认后进入等待状态。（如图 1.5.19 所示）

将酒精倒入酒精泵/酒精喷瓶，并准备一小盒脱脂棉片。

提示：

光纤熔接机开机后请等待自检完成，加热仓完成加热校准后使用。

▲ 图 1.5.19　熔接机开机演示

2. 进线处理

将预留在机柜内的光缆从 ODF 设备后部进线口引入，在进线口用扎带交叉固定。在光缆约 600—800 mm 处剥掉外护套，剪去内层用作保护的抗拉纤维，保留约 150 mm 在固定桩上缠绕固定。将光纤束以充足的弧度引入到熔接盘上，在熔接盘进线处作保护和固定。（如图 1.5.20 所示）

提示：

盘纤时注意光纤的弯曲度不能太小，以免折断内部纤芯。

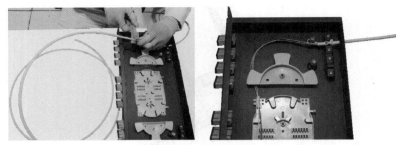

▲ 图 1.5.20　将光缆引入到设备内

3. 光纤预留

沿盘纤盒内侧以大的弯曲半径将剥好的光纤束在盒底绕 1—2 圈，用作预留。剪去多余光纤。（如图 1.5.21 所示）

▲ 图 1.5.21　光纤在盘纤盒内的预留

将尾纤束的连接器清洁一遍，逐一插入端口中。（如图 1.5.22 所示）

▲ 图 1.5.22　尾纤清洁

剥除尾纤外护套，以同样的方式在盘纤盒内做好预留。（如图 1.5.23 所示）

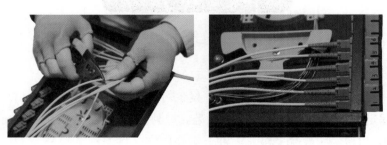

▲ 图 1.5.23　尾纤的预留及端口标记

4. 套管插入

取尾纤一端,穿入热缩套管;另一端按序先取蓝色光纤,穿入热缩套管。热缩套管有内嵌设计,中间隔着金属固定撑,光纤应从套管中心穿过,同时防止固定撑脱落。(如图 1.5.24 所示)

▲ 图 1.5.24 热缩套管穿入

5. 剥纤清洁

使用光纤剥线钳的剥纤口,依次剥除光纤的保护层、涂覆层,剥除长度从断面起算约 30—40 mm;同样将尾纤待接续的一端进行剥纤操作;用带酒精的脱脂棉,顺一个方向擦拭纤芯,转动 120 度继续同方向擦拭,重复 3 次,完成对光纤外周的清洁。(如图 1.5.25 所示)

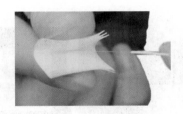

▲ 图 1.5.25 擦拭光纤

想一想:

清洁操作时为什么需要每转动 120度擦拭 3 次?

擦拭时注意尽量去除应力,使光纤平整不弯曲。同时,也应注意观察光纤是否有碎裂或折断的情况出现,可以用手指轻轻拨弹光纤,以确认光纤并未因表面伤痕而断折。

6. 光纤切割

将光纤切割刀平放在桌面上,每次切割前先退出切割刀刀座,再打开翻盖,等光纤平整放入进线槽内,剥纤断口对好白色标记刻度处——约 12 mm(标准切割长度应为 8—16 mm),盖上翻盖,完成光纤切割。(如图 1.5.26 所示)

▲ 图 1.5.26 切割光纤

注意:

裸纤切割完成后直接放到熔接机V 槽中固定,不可碰到任何物体,以免造成裸纤截面污损。

注意事项

（1）保证光纤截面尽量与切割刀锋面垂直，避免造成斜切。

（2）切割前务必进行清洁，确认涂覆层已剥除，否则易损坏刀具。

（3）切割完的碎纤，请使用胶带纸黏附清理干净。

7. 光纤接续

（1）打开熔接机防风盖。

（2）把切割好的光纤放入光纤熔接机线槽内，位置在 V 形槽端面直线与电极棒中心直线中间 1/2 的地方，放好光纤压板，盖上防风盖。

（3）按"SET"键检查后熔接，整个过程需要 15s 左右的时间，屏幕上出现两端光纤截面的放大图像，经过调焦、对准一系列的动作后开始放电熔接。（如图 1.5.27 所示）

提示：

熔接之前，检查并确保光纤熔接机设置中的光纤类型和被熔光纤一致。

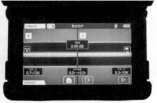

▲ 图 1.5.27　放置光纤与熔接完成

（4）若熔接机检查出光纤不符合熔接要求，请重新进行前述剥纤、清洁、切割操作，直到能进行熔接操作。

8. 加热操作

想一想：

有哪些因素会造成无法熔接？

先将热缩套管移至裸纤接续处需要固定的部位，保证光纤的熔接部位处在热缩套管的正中央，再放入熔接机的烘干槽内，使热缩管的放入位置在加热槽的两条刻度线之间。（如图 1.5.28 所示）

▲ 图 1.5.28　热缩套管加热

　　按"HEAT"键加热热缩套管(过程学名叫"接续部位的补强"),下面指示灯会亮起,待加热完成时,机器会发出蜂鸣声提示加热过程完成。将加热好的热缩套管从加热槽取出,架起、冷却。

注意事项

　　(1) 热缩管的放置位置要在刻度线区域内,否则容易造成加热不匀。
　　(2) 烘干时,应平放加热好的热缩管,以防两端光纤弯曲。

9. 测试检查

　　取下尾纤连接器端的防尘帽,将之与激光光源连接好。打开激光光源(注意先连接,再打开光源,不可直视激光光源),观察熔接点处光的传输是否有较大泄露(即熔接损耗),如有必要应断开接续重新熔接。

提示:

尾纤测试完成后,应及时把防尘帽盖好。

注意事项

　　在光纤配线设备内接续之前做好预留,防止反复熔接不成功造成预留光纤长度过短,在盘纤时造成弯曲半径不足。

10. 整理清洁

对熔接完毕的光纤进行盘纤整理。(如图 1.5.29 所示)

▲ 图 1.5.29　盘纤和整理

想一想:

可使用什么工具对熔接机内部进行清洁?

　　清洁熔接机内部,合上熔接机翻盖,长按熔接机电源键关闭仪器。断开电源,收回仪器、工具。把操作过程中用废的光纤放到指定的回收箱内,整理好各样工具。清理工作台面,保持整洁。

活动五: 设备间配线设备上架与缆线整理

当机柜内设备较多时,可以采用统一整理、统一上架的方式,从而节省安装时间。

操作要领

1. 柜间配线管理

如有柜间配线,则需要对柜间配线进行管理。

若柜间配线使用配线设备,具体操作内容可参照任务二中的活动三。

若柜间配线为网络跳线,具体操作内容可参照任务一中的活动五之操作要领3。

2. 柜内设备安装

合理安排机柜内网络设备和配线设备的摆放位置,并需要考虑网络设备的散热性和配线设备线缆接入的便捷性。具体操作内容可参照任务四中的活动二之操作要领5。

3. 接地系统连接

找到机柜底部的接地铜柱,使用接地线缆将机柜中所有设备的弱电接地端子与机柜金属框架有效连接。对于屏蔽布线系统,则整个屏蔽布线系统必须可靠接地。

4. 电源系统连接

将机架型电源分配单元(PDU)安装至机柜内,并将设备电源线路连接至 PDU,使用尼龙扎带或魔术贴将电源线路进行固定。检查无误后,接通 PDU 电源,确认所有设备均已供电。

活动六: 设备间标识管理

操作要领

1. 设备标签制作与检查

在设备间的机柜内,检查每台设备的标签内容,具体制作与检查要求可参照任务四中的活动四之操作要领1。(如图1.5.30所示)

2. 端口标签制作与检查

电缆配线设备的端口标签制作与检查,请参照任务四中的活动四。

对于光纤配线架,需要制作端口标签并粘贴于光纤配线架前端。

3. 单根线缆标签制作

铜缆的线缆标签前已有述,请参照任务四中的活动三。

議一議:

机柜内采用28 AWG的跳线,会影响链路的最大传输距离吗?

想一想:

光纤配线设备适合安装在机柜的上方还是下方?

▲ 图 1.5.30 机架上的每一个配线架都要标记标签

双芯光纤的编号格式需要区分出收发单芯,常规使用"1""2"或"A""B"表示。(如图 1.5.31 所示)

▲ 图 1.5.31 光纤的标识符号

在光纤连接器处的单个纤芯的编号,由于很难标记在光纤本身上,可以直接将光纤标签手写到光纤连接头上。(如图 1.5.32 所示)

如果同一配线架有两根线缆,端口号为 1 或 2,纤芯号为 1/1 或 2.2/1

如果只有一根光缆,就以纤芯编号作为单根光纤的标签,如蓝、橙、绿、棕,即写 1、2、3、4

▲ 图 1.5.32 光纤连接器的标签

注意事项

光纤连接器上写的光纤标识是尾纤熔接对应的光缆裸纤的色谱编号。

4. 缆线与端口对应表制作

制作缆线与端口对应表,将每条通信链路的信息记录到表格中,以备维护查询使用。

总结评价

依据世界技能大赛相关评分细则,本任务的评分标准详见表1.5.3—1.5.5。根据安装链路的类型不同,分为三张表进行评价。其中,每种链路的 M 类是指技术评价的客观分,J 类是指过程、结果评价的主观分,总分为10分。

▲ 表 1.5.3　语音干线(大对数电缆)链路安装

评分类型	评分指标	评价标准	分值	得分
M1	按时完成	按时完成全部工作量	1	
M2	链路测试	安装完成的链路能通过随工测试	2	
M3	大对数电缆端接安装	大对数电缆色序排列正确(主、辅)	0.5	
		大对数电缆在 110 配线架进线口位置正确(对应相应编号线缆),与配线架有固定	0.5	
		110 配线架上五对连接块色块安装正确、牢固	0.5	
		大对数线开剥及端接时芯线无受损,绝缘层无破损	0.5	
	设备安装规范	设备安装位置正确、牢固(机柜、110 型配线架、理线架)	1	
	线路整理	机柜进线口线缆无缠绕交叉	0.5	
		机柜底部、侧边线缆整理美观整齐	0.5	
M4	标识管理	标签填写规范、粘贴位置正确(机柜、配架、端口、单根线缆)	0.5	
		标签排布标准整齐,平整且朝向统一	0.5	

试一试:

查询缆线与端口对应表,指出指定信息点的首尾端所在位置。

提示:

当机柜空间狭小时,安装多个配线架时,需要注意安装顺序。

续表

评分类型	评分指标	评价标准	分值	得分
J1	整顿素质	在实训开始之前,能充分准备好实训材料、工具;在实训过程中,能时刻保持工作区域的整齐、整洁;在实训完成时,能保持工具归位,剩余材料整理到位	1	
J2	安全文明	能在实训全程按照要求穿戴劳保服、劳保鞋,且在端接过程中佩戴护目镜、劳保手套,不出现安全违规操作	1	
		总分	10	

▲ 表 1.5.4　2F-1F 数据干线(Cat6A 屏蔽电缆)链路安装

评分类型	评分指标	评价标准	分值	得分
M1	按时完成	按时完成全部工作量	1	
M2	链路测试	安装完成的链路能通过随工测试	2	
M3	屏蔽链路端接安装	屏蔽线缆开剥无受损(剥线口光滑完整、去除屏蔽层时内部线缆无破皮划伤)、屏蔽铁丝无划痕或断折	1	
		屏蔽信息模块端接处理到位,屏蔽接地安装牢固	0.5	
		屏蔽电缆在 FD、BD 机柜出入口及配线架进线口有固定、无缠绕交叉	0.5	
	设备安装规范	设备安装位置正确、牢固(机柜、配线架、理线架、接地)	1	
	线路整理	机柜进线口线缆无缠绕交叉	0.5	
		机柜底部、侧边线缆整理美观整齐	0.5	
M4	标识管理	标签填写规范、粘贴位置正确(机柜、配架、端口、单根线缆)	0.5	
		标签排布标准整齐,平整且朝向统一	0.5	
J1	整顿素质	在实训开始之前,能充分准备好实训材料、工具;在实训过程中,能时刻保持工作区域的整齐、整洁;在实训完成时,能保持工具归位,剩余材料整理到位	1	
J2	安全文明	能在实训全程按照要求穿戴劳保服、劳保鞋,且在端接过程中佩戴护目镜、劳保手套,不出现安全违规操作	1	
		总分	10	

提示:

六类屏蔽链路测试应配套使用六类屏蔽跳线。

想一想:

配线架接地没有安装到位,会对通信产生什么影响?

▲ 表 1.5.5　1F 数据干线(室内单模光缆)链路安装

评分类型	评分指标	评价标准	分值	得分
M1	按时完成	按时完成全部工作量	1	
M2	光纤链路测试	安装完成的链路能通过随工测试	2	
M3	链路安装	光缆入口固定(凯芙拉编成辫子穿过支撑孔固定牢固,线缆使用扎带交叉固定牢固)	0.5	
		盘纤存储固定:热缩管按照色序摆放整齐,按照由下往上盘纤顺序(裸纤—尾纤—未使用)最短预留 2 圈	0.5	
		开剥端面整齐,无破损,处理整洁	0.5	
		熔接点不居中,热缩管两端喇叭口,热熔时间不足导致热缩管不透明或扭曲则扣分	0.5	
	设备安装规范	设备安装位置正确、牢固(机柜、光端盒、理线架)	1	
	线路整理	光纤配线架未使用的端口内外均有防尘帽	0.5	
		机柜进线口线缆无缠绕交叉,机柜底部、侧边线缆整理美观整齐	0.5	
M4	标识管理	标签填写规范、粘贴位置正确(机柜、配架、端口、尾纤/法兰、单根线缆)	0.5	
		标签排布标准整齐,平整且朝向统一	0.5	
J1	整顿素质	在实训开始之前,能充分准备好实训材料、工具;在实训过程中,能时刻保持工作区域的整齐、整洁;在实训完成时,能保持工具归位,剩余材料整理到位	1	
J2	安全文明	能在实训全程按照要求穿戴劳保服、劳保鞋,且在端接过程中佩戴护目镜、劳保手套,不出现安全违规操作	1	
		总分	10	

想一想:

光纤链路随工测试需要使用哪些工具和材料?

想一想:

盘纤顺序为什么由下往上为:裸纤—尾纤—未使用缆纤?

想一想:

光纤配线架中防尘帽没盖,会对光纤链路造成什么影响?

📖 拓展学习

智能建筑中的接地系统

信息网络布线系统中,有需要安装设备的场所必须考虑系统接地。接地系统组成部分包括接地线、接地母线、接地干线、主接地母线、接地引入线和接地体。(如图1.5.33所示)

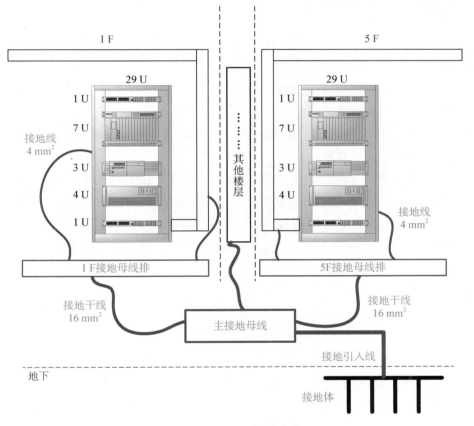

▲ 图1.5.33 接地系统

想一想:

为什么许多设备都要接地呢?哪些设备需要连接至等电位接地系统?

想一想:

电源插座的接地系统与等电位接地系统能不能混合使用?

想一想:

为什么非屏蔽和屏蔽双绞线不能混用?如果屏蔽配线架不接地,会有何影响?

在建筑物电信间、设备间、进线间及各楼层信息通信竖井内,均应设置局部等电位联结端子板。

信息网络布线系统应采用建筑物共用接地的接地系统。当必须单独设置系统接地体时,其接地电阻不应大于 $4\,\Omega$。当布线系统的接地系统中存在两个不同的接地体时,其接地电位差不应大于 $1\,\mathrm{Vr.m.s.}$。

配线柜接地端子板应采用两根不等长度,且截面不小于 $6\,\mathrm{mm}^2$ 的绝缘铜导线接至就近的等电位联结端子板。屏蔽布线系统的屏蔽层应保持可靠连接、全程屏蔽,在屏蔽配线设备安装的位置应就近与等电位联结端子板可靠连接。

当信息网络布线的电缆采用金属管槽敷设时,管槽应保持连续的电气连接,并应有不少于两点的良好接地。当缆线从建筑物外引入建筑物时,电缆、光缆的金属护套或金属构件应在入口处就近与等电位联结端子板连接。当电缆从建筑物外面进入建筑物时,应选用适配的信号线路浪涌保护器。

思考与训练

为使熔接技术娴熟,请练习在规定时间内独立完成 12 芯室内单模光纤链路串接的熔接速度练习项目。

1. 在实际工作中熔接速度尤为重要,请查阅资料,并说说你准备通过哪些手段提升熔接工作的速度?

2. 请查阅资料并想一想,如果需要对电磁信号进行屏蔽,你应该为用户提供哪种类型的机柜?

3. 技能训练:准备 5 m 长 12 芯室内单模光缆 2 根,将光缆用尼龙扎带和粘扣固定在台面,设置好熔接机和切割工具的位置。光缆开缆后,在光缆的一端为蓝色纤芯熔接 1 条 SC 尾纤,并且连接测试设备。要求按照光纤的色谱顺序,将两根光缆环形接续,依次熔接,连接串成一条通路并检查熔接质量。

提示:

先把 12 芯室内光缆的色序写在纸上,便于熔接时快速挑选对应的缆芯。

想一想:

如何对这条光纤链路进行通路测试?

任务六　进线间配线设备端接

学习目标

- 能正确识别运营商布线产品；
- 能使用 KRONE 打线工具完成 KRONE 语音配线架的端接；
- 能使用网络或语音跳线连接运营商布线设备；
- 能依据国家标准进行进线间标识管理；
- 养成施工前做好个人防护穿戴，施工过程中合理、便携地使用操作工具，施工完成后清理施工现场的安全文明操作习惯；培育和弘扬耐心、坚持、团队合作的工匠精神。

情景任务

在之前的任务中，你已经完成了整个建筑物布线系统的施工安装工作。进线间作为整个信息网络布线系统的出入口，需要对运营商的引入线缆进行布放与跳接。

本任务中，你将在进线间中独立完成进线间机柜内的 KRONE 语音配线架端接，并对建筑群子系统的语音干线线路进行整理和标识。你还需要考虑其他的通信引入线路（室外电缆、室外光缆）的安装位置并在机柜中预留空间，从而能够满足运营商线路接入的要求。（如图 1.6.1 所示）

议一议：

我国有哪些主要的运营商企业？你能说出它们的企业全称吗？

想一想：

对入口设施的一般管理分工是怎样的？

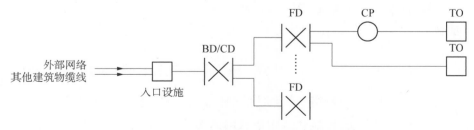

▲ 图 1.6.1　信息网络布线系统引入部分构成

进线间是建筑物外部信息通信网络管线的入口部位,并可作为入口设施的安装场地。进线间的缆线与配线设备安装的主要内容有:运营商布线设备和缆线类型的商定,按国家标准和行业标准进行配线跳接操作。

一、进线间放置位置

确定进线间位置的基本要求有以下七点:

第一,进线间应设置管道入口。

第二,进线间应满足线缆的敷设路由、成端位置及数量、光缆的盘长空间和线缆的弯曲半径、充气维护设备、配线设备安装所需要的场地空间和面积。

第三,进线间的大小应按进线间的进楼管道最终容量及入口设施的最终容量设计。同时,还应考虑满足多家电信业务经营者安装入口设施等设备的面积。

第四,进线间宜靠近外墙和在地下设置,以便于线缆引入。进线间设计应符合下列规定:

(1)进线间应防止渗水,宜设有抽排水装置。

(2)进线间应与布线系统垂直竖井沟通。

(3)进线间应采用相应防火级别的防火门,门向外开,宽度不小于1 000 mm。

(4)进线间应设置防有害气体措施和通风装置,排风量按每小时不小于5次容积计算。

第五,与进线间无关的管道不宜通过。

第六,进线间入口管道口所有布放线缆和空闲的管孔应使用防火材料封堵,做好防水处理。

第七,进线间如安装配线设备和信息通信设施,应符合设备安装设计的要求。

二、完整的建筑物信息网络布线系统需要安装的设备

我们把构成信息网络布线系统的硬件大致分为缆线、配线设备、连接器件、保护设施等几类,对应建筑物信息网络布线系统的范围有工作区、配线子系统、干线子系统、电信间、设备间几大部分。建筑物信息网络布线系统

议一议:

请针对进线间管理注意事项展开讨论。

想一想:

建筑物的进线间一般在哪里?

还包括入口设施,即进线间内的配线设备。

除此之外,信息网络布线系统的各个部分交接处还有管理区域,称为"管理"。"管理"是对工作区、电信间、设备间、进线间、布线路径环境中的配线设备、缆线、信息插座模块等设施,按一定的模式进行标识、管理和记录。

三、 进线间位于信息网络布线系统结构中的位置

在建筑群及建筑物内信息网络布线系统各个子系统的布线与连接示意图 1.6.2 中,序号 01—09 是指信息网络布线系统的各个组成部分,其中,序号 08 为进线间位置。

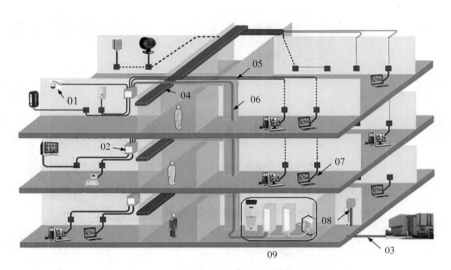

▲ 图 1.6.2　信息网络布线系统构成示意图

四、 进线间的设备安装过程中需要使用的工具与材料

材料、设备:50 对大对数电缆 10 m、KRONE 语音配线架 1 个。(如表 1.6.1 所示)

安装辅材:扎带或魔术贴 1 包、标签纸若干、机柜螺丝、卡扣 30 个。(如表 1.6.1 所示)

安装工具:剥线器、KRONE 打线刀、水口钳、验证测试仪、KRONE - RJ11 测试线。(如表 1.6.2 所示)

想一想:

结合目前的知识水平和施工经验,试指出你目前已接触到的各部分子系统对应的标号。图中是否包含进线间?

看一看:

KRONE 打线刀和网络信息模块 110 打线刀结构有什么不同?

比一比：

KRONE 语音配线架与 110 型语音配线架有哪些区别?

▲ 表 1.6.1 进线间布线安装材料

材料名称	图例	材料名称	图例
KRONE 语音配线架		魔术贴	
尼龙扎带		标签纸	
大对数电缆		机柜螺丝、卡扣	

▲ 表 1.6.2 进线间布线安装工具

工具名称	图例	工具名称	图例
剥线器		KRONE 打线刀	
水口钳		验证测试仪	
KRONE-RJ11 测试线			

想一想：

如何用 KRONE-RJ11 测试线进行测试前的连接?

 活 动

电信运营商局端干线电缆经入口设施,安装于机架型 KRONE 语音配线架上。

活动一： 在 KRONE 语音配线架上端接大对数电缆

操作要领

1. 外护套剥除

将大对数双绞线电缆引入至 KRONE 语音配线架前端，使用剥线器分 4—5 次将 50 对大对数双绞线电缆的外护套逐段剥除约 1 m，检查确保剥线口芯线无损伤。将带有线缆组色序的束绳在剥除点多次捆扎线束，随后剪掉束绳，并使所有线对保持绞距。（如图 1.6.3 所示）

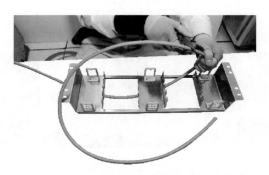

▲ 图 1.6.3　大对数电缆外护套剥除操作

2. 缆线预留

将已剥除外护套的电缆线对，在配线架背面以配线架高度为直径、以"O"型预留一圈后，固定在入线口位置。（如图 1.6.4 所示）

想一想：

为什么示例中以"O"型方式预留？

▲ 图 1.6.4　大对数电缆线对预留

3. 线对排列

先以每 25 对为单位，白蓝束绳开始为 1—25 对，白橙束绳为 26—50 对。

随后在 KRONE 语音配线架上以 10 对为一行，按颜色顺序将各线束穿入打线模块，每行从左至右依次排列线对，从卡槽排至打线槽内。线对排列色序与 110 型配线架一致，每 25 对从白蓝排列至紫灰。（如图 1.6.5 所示）

提示：

领示色：白、红、黑、黄、紫；循环色：蓝、橙、绿、棕、灰。

▲ 图 1.6.5 大对数双绞线电缆在 KRONE 语音配线架上的线对排序方式

4. 线对端接

按大对数电缆端接方法,依次完成其余各组大对数线束的端接,并完成单体模块安装。(如图 1.6.6 和图 1.6.7 所示)

▲ 图 1.6.6 大对数电缆的端接

▲ 图 1.6.7 KRONE 配线架的单体模块安装

活动二: 进线间标识管理

建筑物 1 有设备间/电信间配置,也有主设备间-进线间设置。(如图 1.6.8 所示)

从图中可以看到,棕色连接建筑群干线,白色连接建筑物内一级主干,绿色连接入口设施与建筑群配线设备(CD),橙色连接外部运营商网络。对于各级线缆,应用不同颜色标签做好区分。

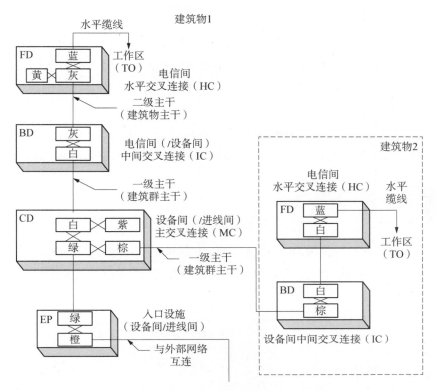

▲ 图1.6.8 建筑物设备间/电信间示意图

想一想：

通常在建筑物布线系统中，蓝、灰、白、绿色标识分别连接什么？

操作要领

1. 设备标签制作与检查

应在配线架设备上做好设备标签，配线架进线口位置做好电缆标签，在配线架前端做好端口标签。

进线间运营商机柜及光纤配线箱等设备，应按规范贴好设备标签。设备上面的标签需要放在正确的位置。对于配线架和机柜等设备，应该使用指定的标签纸，根据要求的名称书写，并贴在该设备的左侧（左上角）。（如图1.6.9所示）

查一查：

标签打印机有哪些种类？

设备及端口标签　　　　　　　机柜（机架）标签

▲ 图1.6.9 设备标签

2. 线缆组标签制作与检查

在机柜出线口处,制作线缆组标签。检查电缆或光缆在机柜出线口处的固定和标签,确保电缆或光缆在机柜出线口处固定牢固和标签准确,具体操作内容可参照任务二中的活动三。

3. 端口标签制作与检查

在配线架设备的前端做好端口标签,也可以在配线架上仅标记已使用的端口,其中的空端口不做标记,具体操作内容可参照任务四中的活动四。

 **总结评价**

依据世界技能大赛相关评分细则,本任务的评分标准详见表 1.6.3。其中,M 类是指技术评价的客观分,J 类是指过程、结果评价的主观分,总分为 10 分。

▲ 表 1.6.3　评分标准

评分类型	评分指标	评价标准	分值	得分
M1	按时完成	按时完成全部工作量	1	
M2	(KRONE 配线架)语音干线端接安装	大对数线缆色序正确(主、辅)	1	
		配架背面(后部)无遗漏捆扎线缆	1	
		线缆开剥无受损	1	
		进线口线路分明,无缠绕	1	
		线缆入口有固定	1	
M3	标识管理	标签填写规范、粘贴位置正确((运营商)机柜、配线架、单根线缆、布线线缆(入口处)、端口)	2	
J1	整顿素质	在实训开始之前,能充分准备好实训材料、工具;在实训过程中,能时刻保持工作区域的整齐、整洁;在实训完成时,能保持工具归位,剩余材料整理到位	1	
J2	安全文明	能在实训全程按照要求穿戴劳保服、劳保鞋,且在端接过程中佩戴护目镜、劳保手套,不出现安全违规操作	1	
		总分	10	

请你思考:在进线间机柜的线缆安装是否满足了本任务的布线要求

议一议:

哪些标签机是无法用于制作信息网络布线标识的?为什么?

议一议:

当标签有遮挡或空间受限时,如何调整?

呢？安装质量是否达到世赛评价标准了呢？请大家讨论世赛标准的评价项并进行自查，给出自评。然后，再结合教师的评价分析自己在安装过程中可以精益求精的地方，总结进工作报告。

 拓展学习

机柜内部的设备安装设计

进线间会涉及多家运营商的接入，设计中需要考虑到责任分类与系统扩展性。

如果是带散热风扇的机柜，风扇一般安装在顶部，机柜内一般采用上层网络设备下层配线设备的安装方式。

如果从机柜顶部进线，可以采用上层配线设备、下层网络设备的方式，或网络设备与配线设备交错摆放。

当机柜中有用电设备时，可配置一个或多个PDU（电源分配单元）。当机柜空间较小时，也可将PDU垂直安装，以给其他设备让出空间。（如图1.6.10所示）

▲ 图1.6.10　PDU电源

请你拓展学习机柜内的设备安装设计方法，并能构画出机柜设备安装示意图，从而将不同运营商的设备合理安置，并能提供独立的电源与空间。

想一想：

PDU电源的安装位置设计在机柜哪里比较合适？机柜内部强弱电的排布怎样做最为合适？

想一想：

PDU设计是否电源口越多越好？需要考虑哪些因素？

 **思考与训练**

想一想：

如何估算各个环节施工所用时间，以更好地把控施工进度？

经历了本任务施工安装的完整过程后，你会发现需要在信息网络布线工程的方案中，对整个项目的工程量进行统计，作为制订预算的基础。

1. 请你回顾整个项目，总结一下项目中的工程量主要是通过哪些前期资料获得的？

2. 请你查阅资料，找出工程量统计表是由哪些元素组成的。

3. 技能训练：请你统计一下在你的施工任务中，所使用到的各类布线材料的名称、型号、数量及单位，并列出一张工程量统计表。

任务七　铜缆认证测试

学习目标

- 能识别不同种类的铜缆链路;
- 能使用布线认证测试仪测试铜缆链路,并正确选择测试标准;
- 能根据不同测试标准,正确选择测试模型;
- 能独立完成链路测试,并生成测试报告;
- 能按照仪器使用说明进行操作,避免违规操作,养成安全文明的
工作习惯。

查一查:

布线认证测试与随工测试各自的应用场景。

情景任务

在上一个任务完成后,你需要对整个建筑物布线系统新安装的铜缆布线按照 GB/ISO/TIA 等标准进行认证测试,并提供完整的布线系统测试报告,以用于验收、备案和后期(例如 IT 运营部)的维护。

你需要借助布线认证测试仪进行测试,针对办公楼网络中的超五类、六类以及 6A 双绞线链路,选择不同标准进行测试,并汇总数据,完成报告。

查一查:

我国布线认证测试一般使用哪个标准?

思路与方法

进行铜缆布线认证测试前,要查看环境,确定每层楼的布线链路点位,首先判断链路类型,选择测试模型,再确定链路类型和屏蔽方式;然后,设置测试仪,连接测试链路,执行测试,生成报告。

一、确定线缆链路类型和测试模型

1. 确定链路类型

永久链路是信息模块到楼层配线设备之间的传输线路,包含水平线缆、模

块和可选的 CP 点(固定转接点),但不包含两端跳线。(如图 1.7.1 所示)

通道链路是包含两端用户跳线,信息模块到楼层水平线缆配线设备之间的传输线路。(如图 1.7.2 所示)

MPTL(Modular Plug Terminated Links)链路是 RJ45 水晶头端接到楼层配线设备的传输线路,又称模块化插头端接链路。(如图 1.7.3 所示)

议一议:

MPTL 链路里的 M 代表什么意思? 是普通的水晶头吗?

模块　　水平双绞线　　　　　　　　　配线架

▲ 图 1.7.1　模块到配线架

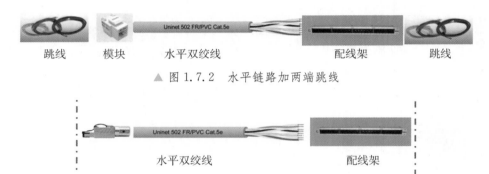

跳线　　模块　　水平双绞线　　　　　　　　配线架　　　　跳线

▲ 图 1.7.2　水平链路加两端跳线

水平双绞线　　　　　　　　　　配线架

▲ 图 1.7.3　模块化插头到配线架

想一想:

视频监控链路采用哪一种链路种类?

2. 确定链路测试模型

如果链路组成为如图 1.7.1 所示,那么在测试时测试仪采用永久链路测试模型。

如果链路组成为如图 1.7.2 所示,那么在测试时测试仪采用通道链路测试模型。

如果链路组成为如图 1.7.3 所示,那么在测试时测试仪采用 MPTL 链路测试模型。

3. 判断线缆类型

识别线缆类型,判定线缆是 Cat5E、Cat6 还是 Cat6A 或其他类型。一般可通过识别线缆表皮喷码进行识别,如图 1.7.4 所示,显示为 Cat 6,则判定为六类线。

线缆类型也可以通过结构进行辅助识别,如图 1.7.5 所示,不同类型双绞线结构设计是不同的,超五类线一般是没有十字骨架设计的,六类线和

6A 线缆才会采用这种骨架设计。

想一想：

为什么要设置三种不同的测试模型？

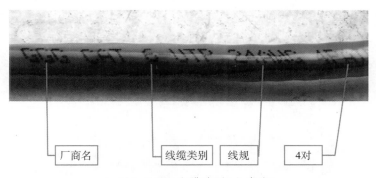

厂商名　　线缆类别　线规　　4对

▲ 图 1.7.4　线缆喷码（六类线）

想一想：

双绞线为什么要双绞？每对线绞率为什么不一样？

▲ 图 1.7.5　双绞线中的十字骨架设计（六类线）

此外，Cat5E、Cat6、Cat6A 绞率也是不同的，线缆等级越高，绞率越密。（如图 1.7.6 所示）

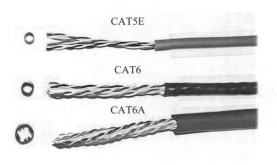

CAT5E

CAT6

CAT6A

▲ 图 1.7.6　不同类型双绞线的结构

4. 识别链路的屏蔽方式

识别线缆屏蔽类型，一般也可通过线缆表皮喷码进行识别，如图 1.7.4 所示，为 UTP 非屏蔽双绞线。

线缆屏蔽类型还可以借助屏蔽结构判断。如图 1.7.7 所示屏蔽结构，

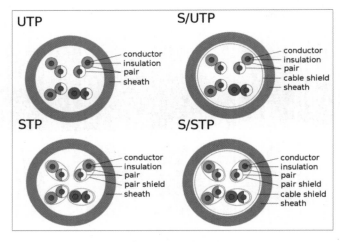

▲ 图 1.7.7　屏蔽结构

分别为 UTP 非屏蔽双绞线，STP(FTP)线对屏蔽双绞线，S/UTP(F/UTP)外层屏蔽内层非屏蔽双绞线，S/STP(S/FTP)外层屏蔽内层屏蔽双绞线。

二、　选定标准执行测试

1. 连接测试仪和被测链路

按照不同链路模型进行线缆连接。如图 1.7.8 所示为永久链路测试模型连接方式；如图 1.7.9 所示为通道链路测试模型连接方式；如图 1.7.10 所示为 MPTL 链路测试模型连接方式。

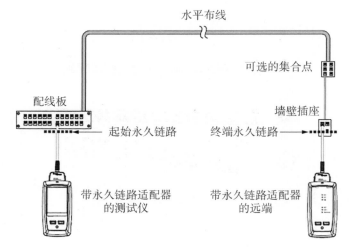

▲ 图 1.7.8　永久链路测试模型连接方式

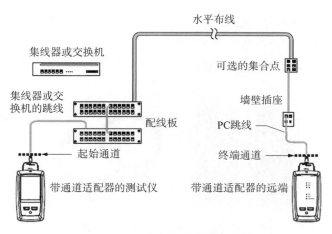

▲ 图 1.7.9　通道链路测试模型连接方式

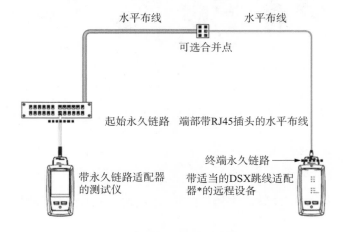

*请使用与链路中的电缆类别相匹配的DSX跳线适配器。

▲ 图 1.7.10　MPTL 链路测试模型连接方式

想一想：

用通道链路测试跳线可以吗？

2. 选定标准进行测试

按照不同链路模型，选择测试标准，进行线缆测试，测试建筑物布线系统内的每一条双绞线链路，每测试完一条链路，及时命名并存储测试结果，直至所有链路测试完毕。

三、相关设备和附件

测试需要结合现场布线情况，更换不同的测试适配器，以下为常见设备和适配器及数量（如图 1.7.11 所示）：

（1）福禄克网络 DSX2－5000 线缆认证测试仪×1。

（2）永久链路适配器×2。

（3）通道链路适配器×2。

议一议：

讨论一下常见的测试标准，如中国标准、区域标准、国际标准。

想一想：

测试链路中有电话线时，是否可以进行测试？

想一想：

测试链路中有PoE供电线路时，是否可以进行测试？

（4）5E类跳线链路适配器×2。

（5）六类跳线链路适配器×2。

（6）6A类跳线链路适配器×2。

福禄克DSX2-5000线缆认证测试仪　　永久链路适配器

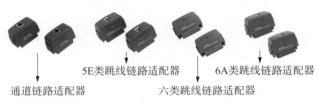

通道链路适配器　　　　5E类跳线链路适配器　　6A类跳线链路适配器

六类跳线链路适配器

▲ 图1.7.11　DSX2-5000测试仪和适配器

📃 **活 动**

确定链路模式、线缆类型、测试标准，使用福禄克DSX系列测试仪进行测试。

活动一：使用测试仪选择铜缆验收标准进行测试

注意事项

（1）如测试中有PoE链路或电话线链路时，请确认链路处于无源状态。

（2）如测试中被测链路端口或连接头有损坏，请勿强行与测试仪进行连接。

（3）如测试仪亏电，请充电后再使用。

（4）测试需要按照训练活动的测试步骤，逐步执行，对于生成的测试结果，及时存储报告，随时了解通过率百分比情况。

（5）测试中经常会遇到不通过的情形，需要现场定位故障，可运用仪器上的线序图、长度、HDTDR和HDTDX工具，帮助确定不通过的原因。

操作要领

1. 设置基准

(1) 选择福禄克 DSX2－5000 线缆认证测试仪,包括主机、远端和适配器。

(2) 关机状态下,将一个"DSX－PLA004"永久链路适配器安装于主机,一个"DSX－CHA004"通道链路适配器安装于远端。

(3) 开机,进入主界面,选择工具→设置参照(如图 1.7.12 所示),按下测试,等待几秒钟,至参照设置完成。

(4) 取下测试适配器,备用。

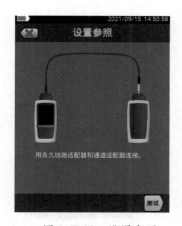

▲ 图 1.7.12　设置参照

2. 安装测试适配器

(1) 保持开机状态,将测试标准对应的测试适配器安装在主机、远端上。

(2) 当选择"TIA CAT 6A PERM. LINK"永久链路测试标准时,主机远端各安装一个"DSX－PLA004"永久链路适配器。

(3) 当选择"TIA CAT 6A CHANNEL"通道测试标准时,主机远端各安装一个"DSX－CHA004"通道链路适配器。

(4) 当选择"TIA CAT 6A CHANNEL＋MPTL"MPTL 测试标准时,主机安装一个"DSX－PLA004"永久链路适配器,远端安装一个"DSX－PC6A"跳线链路适配器。

3. 新建(增)测试标准

新建一个测试标准,按表 1.7.1 中所示的步骤①—⑪操作,标准选择"TIA Cat 6A"通道。

▲ 表 1.7.1　新建测试标准步骤

步骤①：在主界面选择第二栏	步骤②：选择"新测试"	步骤③：选中"模块：DSX-5000"选项

步骤④：选择 DSX-5000 模块	步骤⑤：选中线缆类型项	步骤⑥：选择线缆类型

步骤⑦：选中测试极限值项	步骤⑧：选择测试极限值	步骤⑨：保存设置

步骤⑩：选中"使用所选的"	步骤⑪：完成 TIA 6A 标准选择	

想一想：

界面中存储绘图数据有什么作用？何时需要关闭？

想一想：

插座配置 T568B 和 T568A 对于测试有什么区别？如何自定义插座配置？

4. 执行测试

（1）按下测试键，进行 TIA Cat 6A 通道标准测试，（如图 1.7.13 所示）得到通过或失败的结果。如图 1.7.14 中，本图中显示失败，即当前线缆不符合 TIA Cat6A 的标准。

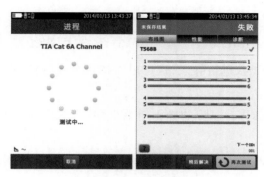

▲ 图 1.7.13　测试进程

▲ 图 1.7.14　测试失败时的界面图例

（2）请按照对应的 Cat5E、Cat6、Cat6A TIA 标准进行测试。

（3）如测试失败，按下稍后解决按钮，再按下存储按钮保存测试报告；如测试成功，按下存储按钮保存测试报告。

（4）继续测试下一条链路，直至整个建筑物布线系统内所有铜缆信息点测试完成。

活动二：导出测试报告

注意事项

（1）先确保测试仪处于平稳位置、不易摔落，再连接数据线，进行报告导出操作。

（2）如测试仪亏电，请充电后再使用。

想一想：

每次都要重新输入线缆名称吗？能使用线缆 ID 集吗？

操作要领

第一，在 PC 上下载并安装福禄克最新版本的 LinkWare PC 软件。

第二，打开测试仪并启动 PC 电脑上的 LinkWare PC 软件。

第三，使用随机附带的 USB 数据线将测试仪上的 Micro USB 端口连接到 PC 上的 A 型 USB 端口。（如图 1.7.15 所示）

第四，在 LinkWare PC 工具栏中单击 。随后选择一个产品从一台测试仪进行导入，也可以直接点击“红色箭头带 ”的符号直接进行下载。

想一想：

测试仪中数据选择重新测试和同一链路测试两次但命名相同，有何区别，分别在什么场景使用？

第五，在 LinkWare PC 的导入对话框中，选择要导入的结果和保存的位置。

第六，导入数据（如图 1.7.16 所示），然后保存原始数据（. flw 格式），并生成 PDF 格式的报告。

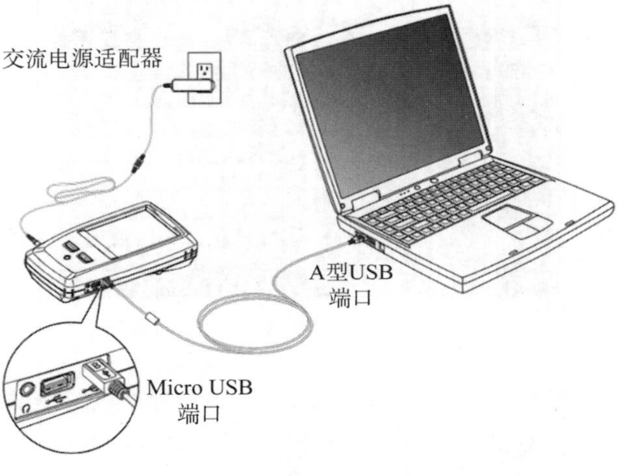

▲ 图 1.7.15　USB 数据线连接示意图

想一想：

能否使用 Wi-Fi 方式导出报告？

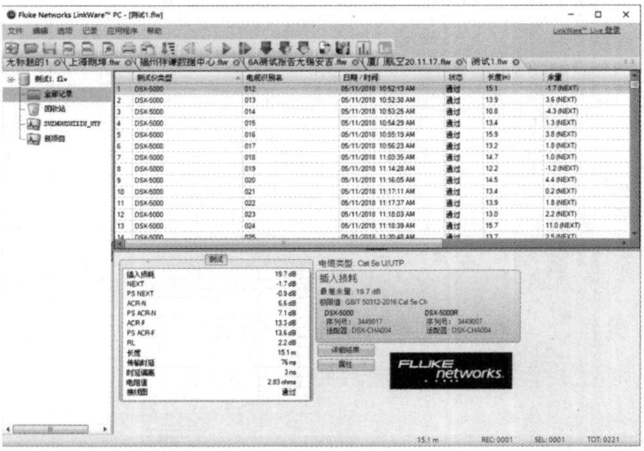

▲ 图 1.7.16　导入的测试数据

总结评价

依据世界技能大赛相关评分细则，本任务的评分标准详见表 1.7.2。其中，M 类是指技术评价的客观分，总分为 10 分。

▲ 表 1.7.2　评分标准

评分类型	评分指标	评价方法	分值	得分
M1	链路测试模型	模型选择正确(通道、永久或 MPTL)	1	
M2	线缆类型	对应不同线缆被测对象，线缆类型正确(Cat5、Cat5E、Cat6、Cat6A 等)	1	
M3	屏蔽类型	屏蔽类型选择正确(U/UTP、F/UTP、S/FTP 等)	1	
M4	测试极限值	线缆极限值正确	1	
M5	基准设置	完成测试仪基准设置	1	
M6	存储 ID 集	按照要求设置 ID 集	1	
M7	报告保存	项目名称保存不合规扣 0.5 分；测试结果名称保存不合规扣 0.5 分，扣完为止	4	
		总分	10	

想一想：

如果是网状屏蔽的网线，测试时如何选择屏蔽类型？

你的测试结果是否满足现有网络验收的要求？是否掌握并能应用不同国内、国际标准进行铜缆认证测试了呢？请对照世赛模块的评分标准对自己的铜缆测试过程进行评分，分析你在测试过程中出现的问题，精益求精，严格要求自己，并做好总结报告。

想一想：

屏蔽不通过是否等于屏蔽线断开？

拓展学习

• 测试标准和场景结合

在进行认证测试时，不同场景的测试内容不同，其差异主要在于测试参数，参考国内国际标准，可分三种场景：

1. **场景一：普通场景**

本任务即为普通场景，测试对象为普通机房或弱电间场景，要求测试的内容包括：接线图、长度、衰减/插入损耗、近端串音、传播时延、传播时延偏差、直流环路电阻、回波损耗、近端串音功率和、衰减近端串音比、衰减近端串音比功率和、衰减远端串音比、衰减远端串音比功率和、屏蔽布线系统屏蔽层的导通。

想一想：

在工业制造环境中,需要额外测试什么参数？

以下为测试参数的简写和中文对照：

Wire Map——接线图（开路/短路/错对/串音等）

Length——长度

Insertion Loss(Attenuation)——插入损耗（衰减）

NEXT——近端串音

Propagation Delay——传播时延

Delay Skew——传播时延偏差

DC Loop Resistance——直流环路电阻

Return Loss——回波损耗

PS NEXT——近端串音功率和

ACR-N——衰减近端串音比

PS ACR-N——衰减近端串音比功率和

ACR-F——衰减远端串音比

议一议：

电阻和阻抗是一回事吗？

PS ACR-F——衰减远端串音比功率和

场景对应标准：国家标准 GB/T 50312 - 2016 或 TIA 相对应线缆类型标准。

2. **场景二： 数据机房或数据中心**

如测试场景为数据机房或数据中心,对于非屏蔽 6/6A 链路要求额外测试：外部近端串音功率和 PS ANEXT、外部衰减远端串音比功率和 PS AACR-F。

场景对应标准：国家标准 GB/T 50312 - 2016 或 TIA 相对应线缆类型标准,再加测外部串音测试。

3. **场景三： PoE 或强干扰**

在 PoE 或强干扰环境中的线缆,要求测试的内容包括：TCL、ELTCTL、不平衡电阻 UBR(UBL)。这是为了保证在特殊环境中的铜缆平衡性。

场景对应标准：国家标准 GB/T 50312 - 2016 或 TIA 相对应线缆类型标准全参数(＋ALL)标准。

📝 **思考与训练**

1. 请根据国家标准 GB/T 50312 - 2016,进行一次 Cat6 FTP 永久链路

的测试,要求判断是否可以支持 PoE 和 1 000 Mbps 传输。

2. 请根据国家标准 GB/T 50312 - 2016,进行一次 Cat6 FTP 永久链路的测试,要求判断是否可以支持干扰环境中传输。

3. 请根据工业以太网标准 TIA 1005A E3,进行一次 Cat6A UTP 永久链路的测试,要求判断是否可以支持"强干扰环境"中传输。

4. 技能训练: 比对 TIA 与 ISO Cat6 标准测试时,为什么会有参数的差异?

5. 技能训练: 依据国家标准 GB 50312—2016 Cat5e 永久链路标准,自我练习一下项目设置(在初始页面点击"项目"),开始你的"探索"。

议一议:

测试仪中应用标准如 1000BASE-T 和链路标准 TIA Cat5e 通过测试均表示支持千兆网络,那么二者的区别是什么?

任务八　铜缆故障分析

学习目标

- 能描述常用的铜缆认证测试参数和定义;
- 能描述常用的铜缆认证测试参数对应的故障原因;
- 能独立进行铜缆故障定位,并排除故障;
- 能按照仪器使用说明进行操作,避免违规操作,养成安全文明的工作习惯;
- 具备规范意识、安全意识、质量意识、环保意识,精益求精的工匠精神。

情景任务

在上一个任务中,完成了双绞线铜缆认证测试,若发现整个建筑物布线系统内新安装的水平链路失效,需要分析故障原因。

接下来,本任务中,你需要借助测试设备快速了解双绞线铜缆链路的真实情况,分析故障原因,提供整改建议,排除故障,汇总数据。

思路与方法

如果要排除双绞线布线中的问题和故障,首先要知道常见的故障有哪几类,并且分析这些故障产生的原因是什么,然后才能针对不同的故障原因,进行修复或整改。

一、常见的故障问题

1. 连通性故障问题

连通性故障问题主要包括:接线图(线序图)、长度、传输时延、时延偏离等参数失败问题。

2. 性能故障问题

性能故障问题主要包括：衰减/插入损耗、近端串音、回波损耗、近端串音功率和、衰减近端串音比、衰减远端串音比、衰减近端串音比功率和、衰减远端串音比功率和等参数失败问题。

3. 平衡性故障问题

平衡性故障问题主要包括：DC 电阻不平衡、传输不平衡 TCL 和 ELTCTL 等参数失败问题。

二、常见故障问题产生的原因

1. 接线图故障原因

Wire Map 接线图是指线缆两端的打线方式，最常见的打线方法有两种：T568A、T568B。（如图 1.8.1 所示）

T568A

1	1
2	2
3	3
6	6
4	4
5	5
7	7
8	8

T568B

1	1
2	2
3	3
6	6
4	4
5	5
7	7
8	8

▲ 图 1.8.1 常见打线方法

以下是常见的打线错误的例子：

（1）开路。

线缆中有断开现象（如图 1.8.2 所示），一般造成原因是水晶头、模块等连接点处线缆打接不到位、接触不良，故障位置为离主机端（左侧）1.4 m 处，离远端（右侧）4.7 m 处。

▲ 图 1.8.2 接线图示意图

想一想：

阻抗问题对应着哪一个故障问题？

想一想：

如何判断线缆开路是一处开路点还是两处开路点？

（2）短路。

短路是指线缆中有一芯或多芯铜线互相接触,或与屏蔽层等金属接触,导致短路。

（3）错对/跨接。

错对或跨接是指布线过程中两端的打线方法混用（如图 1.8.3 所示）,即一端使用了 568A 另一端使用了 568B 的打线方法。通常,此种打线方法用于网络设备的级连、网卡间互连,但作为一般的布线来说建议保持两端的打线方法一致。

想一想:

为什么跨接线,有时接入网络也可以正常使用?

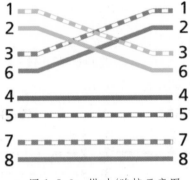

▲ 图 1.8.3 错对/跨接示意图

（4）反接。

反接是指由于线缆中一对线的两端正负极连接错误,如 568B 中为 pin1 的橙白线为第一线对的正极,pin2 的橙线为负极,这样可以形成直流环路,反接就是同一线对的正负极接反了。

想一想:

测试仪测得的长度是线缆表皮长度吗?

（5）串绕。

标准中规定的是 1—2 为一线对,3—6 为一线对。串绕是指把 3—6 线对接到 3—4,造成双绞线特有的干扰抵消特性设计被破坏,NEXT（近端串音）变大。

2. 长度故障原因

标准中规定的各个测试模型所定义的长度不同,超过标准定义极限长度则视作错误。

Permanent Link 永久链路:长度极限为 90 m,包括了两端的模块及同模块相连的测试跳线插头,但不包括跳线本身。

Channel Link 通道链路:长度极限为 100 m,包括了两端的测试跳线、链路中的转接和信息插座模块。

MPTL 链路:长度极限为 90 m,包括了一端的模块以及另一端的插头。

3. 衰减/插入损耗故障原因

衰减或插入损耗是指链路中传输所造成的信号损耗（以分贝 dB 表示）,

如图 1.8.4 所示。一般造成衰减的原因为：电缆材料的电气特性和结构分布不佳、不恰当的端接、阻抗不匹配形成的过多反射。如果衰减过大，它会使电缆链路传输数据不可靠。

想一想：

温度对衰减有影响吗？为什么？

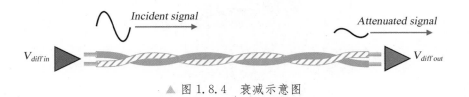

▲ 图 1.8.4　衰减示意图

4. NEXT 近端串音故障原因

串音是指同一电缆的一个线对中的信号在传输时耦合进其他线对中的能量。一个发送信号线对泄漏出来的能量被认为是这条电缆的内部噪声，它会干扰其他线对中的信号传输。

串音分为近端串音（Near End Crosstalk，NEXT）和远端串音（Far End Crosstalk，FEXT）两种。

近端串音是指处于线缆一侧的某发送线对的信号对同侧的其他相邻（接收）线对通过电磁感应所造成的信号干扰。（如图 1.8.5 所示）

想一想：

NEXT 为什么要进行双向测试？

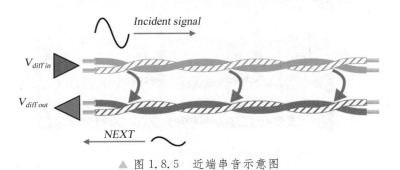

▲ 图 1.8.5　近端串音示意图

近端串音单位为 dB，为负值，但取绝对值，故值越高越好。高的近端串音值意味着只有很少的能量从发送信号线对耦合到同一电缆的其他线对中，近端串音值低则意味着较多的能量从发送信号线对耦合到同一电缆的其他线对中。

近端串音与线缆类别、端接工艺和频率有关，双绞线的两条导线绞合在一起后，可以抵消相互间的信号干扰，绞距越紧抵消效果越好。在端接施工时，为减少串音，Cat5 线缆开绞（打开绞接/捋直）长度建议不能超过 13 mm。

近端串音类似噪声干扰，足够大时会破坏正常传输的信号，还会被错误地识别为正常信号，造成站点间歇地锁死，甚至网络连接完全失败。

近端串音是频率的函数。（如图 1.8.6 所示）

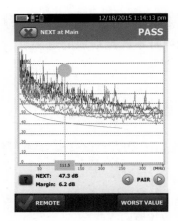

▲ 图 1.8.6　近端串音是频率的函数

想一想:

NEXT 为什么是
基于频率而不是
长度?

想一想:

Cat5e 测试参数和
Cat6 差哪些,为什
么?

5. PSNEXT 近端串音功率和故障原因

近端串音功率和,是所有其他线对对一对线的近端串音的功率之和(如图 1.8.7 所示)。其故障原因和定位原理,同 NEXT 参数相似。

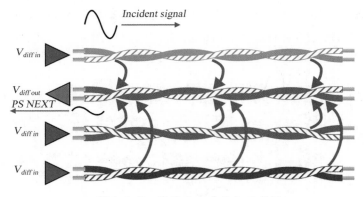

▲ 图 1.8.7　近端串音功率和示意图

6. Return Loss 回波损耗故障原因

当一对线在传输过程中遇到阻抗不匹配的情况时就会引起信号的反射或回波(如图 1.8.8 所示),当整条链路有阻抗异常点,就会有反向的反射或回波。一般情况下,双绞线链路的特性阻抗为 100 欧姆,在标准里可以有±5%(线缆)的浮动,如果超出这个范围则视作阻抗不连续或不匹配。

想一想:

电工的铜线接续
方式,是否可以用
于网络,对回波有
什么影响?

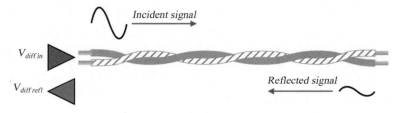

▲ 图 1.8.8　回波损耗示意图

7. Propagation Delay 传输时延故障原因

信号在每对线对上传输的时间,用 ns 表示。一般极限值为 555 ns,如果线缆过长,传输时延变大,会造成延迟碰撞增多,且衰减增大。

8. Delay Skew 时延偏离故障原因

信号在各线对上传输时,时延最小和最大的差值,用 ns 表示。一般 100 m 链路范围在 50 ns 以内,如果时延偏离过大,会造成传输失败。

9. ACR-N 衰减近端串音比故障原因

衰减近端串音比为衰减与串音的比值(以分贝表示),并非另外的测量,而是二者的计算结果。其含义是一对线对感应到的泄漏的信号(NEXT)与预期接受的经过衰减的信号(Attenuation)的比较,最后的值应该是越大越好,曲线情况如图 1.8.9 所示。如比值偏小,则传输信号不容易和干扰信号区分。

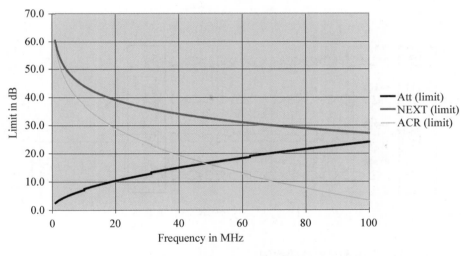

▲ 图 1.8.9　ACR-N=NEXT/Attenuation

10. ACR-F 衰减远端串音比故障原因

先解释一下远端串音,它类似于近端串音,信号泄漏到远端形成的干扰就叫做远端串音(如图 1.8.10 所示)。ACR-F(旧称 ELFEXT)是相对于衰减的 FEXT(FEXT 与 Attenuation 的比值(对数为差值),类似 ACR),即经过了衰减后到达对端的远端串音。如比值偏小,则到达对端的信号不容易和干扰信号区分。

11. PS ACR-N 衰减近端串音比功率和故障原因

衰减近端串音比功率和,是指多对线对一对线形成的近端串音功率和同衰减或插入损耗的比值。如比值偏小,则传输信号不容易和干扰信号区分。

想一想:

为什么有的标准只测传输时延,不测长度?

想一想:

NVP 值是什么,有什么作用?

想一想:

100 M 的网络为什么不需要测 PS ACR-N 或 PS ACR-F 等参数?

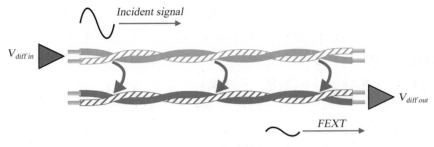

▲ 图 1.8.10　FEXT 示意图

12. PS ACR-F 衰减远端串音比功率和故障原因

衰减远端串音比功率和（旧称 PS ELFEXT），同样是一对线受到其他线对的影响，类似于 PS ACR-N，只不过定义为多对线对一对线形成的远端串音功率和同衰减或插入损耗的比值（如图 1.8.11 所示）。如比值偏小，则到达对端的信号不容易和干扰信号区分。

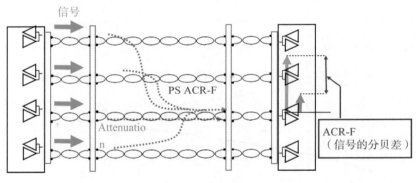

▲ 图 1.8.11　PS ACR-F 示意图

13. DC 电阻不平衡故障原因

电阻不平衡会导致电缆通道中的电流不平衡，从而在双绞线进行 PoE 供电时，可能导致电源供电设备（PSE）网络变压器饱和，无法正常传输信号，且可能降低线对的抗干扰能力。

如图 1.8.12 所示，直流电阻是在每根导体上测量的。差异（电阻不平衡）为 $0.02\,\Omega$（$1.87\,\Omega-1.85\,\Omega$）。直流回路电阻（LOOP RESISTANCE）是两根导线的总和，即 $3.7\,\Omega$（$1.87\,\Omega+1.85\,\Omega$）。

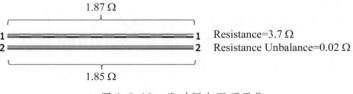

▲ 图 1.8.12　线对间电阻不平衡

如图 1.8.13 所示，第一步是计算 1，2 对的并联电阻。公式为 R1×R2/(R1＋R2)，其中 R1 是导体 1 的电阻，R2 是同一对导体的 2 的电阻。当前 1、2 并联电阻为 0.22 Ω，3、6 并联电阻为 0.33 Ω，则最终 1，2—3，6 之间的直流电阻不平衡测试结果计算为|0.22 Ω－0.33 Ω|＝0.11 Ω。（如图 1.8.14 所示）

议一议：

铜包铝、铜包银材质网线，为什么不适合运行 PoE?

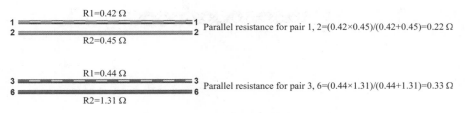

▲ 图 1.8.13　线对与线对电阻不平衡(1)

	VALUE (Ω)	LIMIT (Ω)
1,2-3,6	0.11	0.20
1,2-4,5	0.01	0.20
1,2-7,8	0.01	0.20
3,6-4,5	0.13	0.20
3,6-7,8	0.13	0.20
4,5-7,8	0.00	0.20

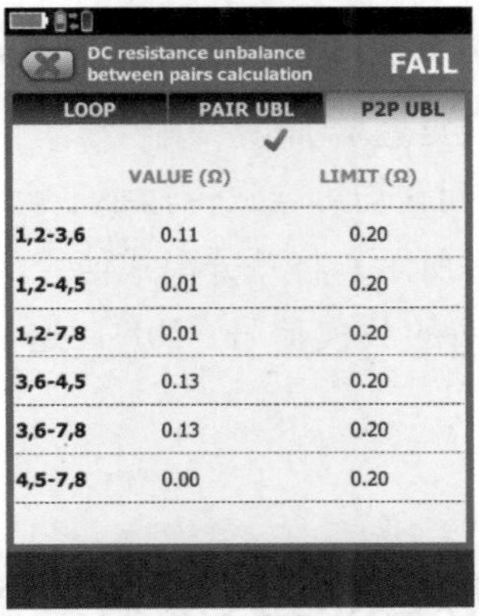

▲ 图 1.8.14　线对与线对电阻不平衡(2)

电缆压接不到位、电缆损伤、制造工艺问题、安装接触不良等均可导致线对间电阻不平衡 PAIR UBL 或线对与线对电阻不平衡 P2P UBL。

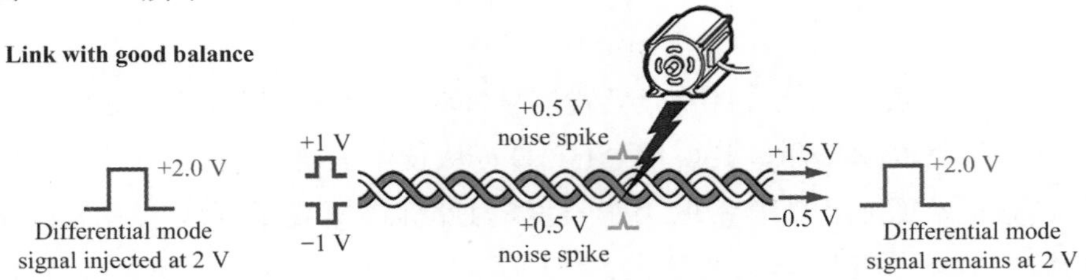

想一想：

超五类和六类网线混用，对 PoE 场景的主要影响是什么？哪个更稳定，为什么？

14. 传输不平衡 TCL 和 ELTCTL 故障原因

网络中传输的为平衡信号，如果链路具有良好的平衡性，则可以消除从外部注入电缆的大部分干扰噪声。平衡传输链路可以抵消外部干扰。（如图 1.8.15 所示）

▲ 图 1.8.15　TCL 传输平衡

想一想:

工业网络中机器人控制线缆需要平衡性测试吗?

如果传输链路平衡性差,则注入电缆的噪声将成为信号的一部分。链路中的不平衡会导致线对上的注入电压不相等。(如图1.8.16所示)

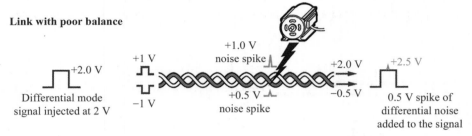

Link with poor balance

+1 V
−1 V

Differential mode
signal injected at 2 V

+2.0 V

+1.0 V
noise spike

+0.5 V
noise spike

+2.0 V
−0.5 V

+2.5 V

0.5 V spike of
differential noise
added to the signal

▲ 图1.8.16 TCL传输不平衡

传输不平衡很有可能引起网络数据帧传输产生错误,从而导致信号重新传输并降低网络性能。这在延迟至关重要的应用中尤其成问题。在数据中心特别嘈杂并且以微秒为单位测量事务处理时间的情况下,重新传输信号也会导致网络处理明显延迟增加。

电缆损伤、制造工艺问题均可导致传输不平衡的现象。

测试时(如图1.8.17所示),将差分模式信号(DM)注入双绞线,然后测量在同一对双绞线上返回的共模信号(CM)。返回的共模信号越小,TCL测量(平衡性)越好。

讨论:

不平衡对网线传输造成什么影响?

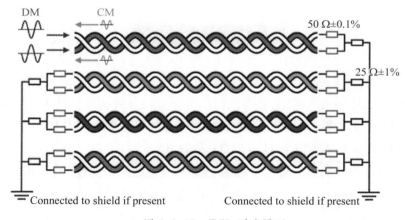

DM   CM

50 Ω±0.1%

25 Ω±1%

Connected to shield if present   Connected to shield if present

▲ 图1.8.17 TCL测试原理

如图1.8.18所示,将差分模式信号(DM)注入双绞线,然后在同一双绞线的链路的远端测量共模信号(CM)。从技术上讲,这就是TCTL。由于链路远端的CM信号量取决于长度,因此标准应用了等效以考虑链路的插入损耗。因此,实际报告的是ELTCTL,其中EL为等效的含义,它比TCTL更有意义,这是因为ELTCTL为经过线路衰减后的TCTL,更容易测量获得。在远端测得的 CM 信号越小,则 ELTCTL 的测量(平衡性)越好。

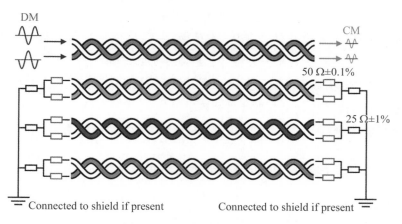

▲ 图 1.8.18　ELTCTL 测试原理

议一议:

差分传输信号有什么好处?

活动

你需要查看上一任务中的测试结果(如图 1.8.19 所示),分析有问题的链路。如测试正常,则测试设备在测试界面右上方显示"通过",顶部背景色为绿色;如存在问题,则右上方显示"失败",顶部背景色为红色。测试失败的链路,测试结果会显示失败的参数,并以红叉表示。以下通过六个活动,需要你对失败参数进行分析,找出故障问题原因,并修复故障。

议一议:

什么故障可以定位?

议一议:

2 芯电话线,是否可以通过 HDTDR 定位故障?

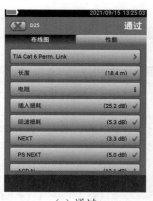
　　　　(a) 通过

　　　　(b) 失败

▲ 图 1.8.19　测试结果

注意事项

（1）测试中经常会遇到各种测试不通过的情形，故障原因可能是单一故障，也可能是复杂故障，有的故障可以定位，有的故障无法定位，须结合不通过的原因进行综合故障分析或定位。

（2）定位可运用仪器上的 HDTDR 和 HDTDX 故障定位工具，分别定位回波损耗故障与串音类故障。

活动一：接线图问题故障分析

操作要领

1. 确定错误类型

当测试结果未通过时，查看是否为接线图问题。

2. 接线图问题故障分析

查看结果中接线图详情，判断各种接线图故障类型。（如图 1.8.20 所示）

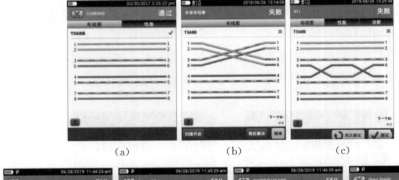

（a） （b） （c）

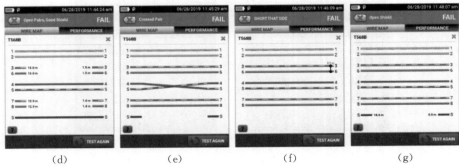

（d） （e） （f） （g）

▲ 图 1.8.20　接线图测试结果

在图 1.8.20 接线图类型中，自（a）到（g）分别为通过、跨接、串绕、开路、

想一想：

屏蔽连续性和屏蔽连通性有什么区别？测试开关在哪里设置？

想一想：

交叉是否可以定位？为什么？

反接、短路、屏蔽不连续等。对照你的测试结果，判断属于何种接线图故障。

3. 记录接线图问题并分析故障原因

按照表 1.8.1 格式，填写故障类型、故障定位和原因分析。

▲ 表 1.8.1　故障类型、故障定位和原因分析

故障类型	主要故障位置和原因分析(样例)
开路	3 线路于近端 2.5 m 处开路，于远端 17.5 m 处开路
短路	7,8 线对于近端 3.7 m 处短路
跨接	1,2—3,6 线对跨接
反接	1,2 线对反接
串绕	3,4—5,6 线对串绕
屏蔽不连续	近端 2 m 处屏蔽层不连续
乱序	多线路线序错误

想一想：

开路故障为何需要查看近端和远端？

4. 修复故障链路

对于线序错误问题，重打模块或水晶头，进行修复。

对于开路、短路问题，查看距离，找到故障位置，并尝试修复，如不能修复，则更换线缆。

对于屏蔽问题，查看距离，找到故障位置，重做屏蔽，进行修复。

想一想：

线序某引脚经常发生故障，可能是什么问题？

活动二：长度类问题故障分析

操作要领

1. 确定错误类型

当测试结果未通过时，查看是否为传输延迟、延迟时差或长度问题。(如图 1.8.21 所示)

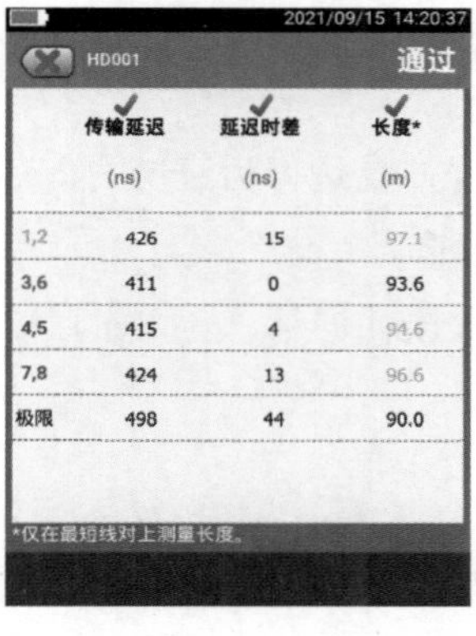
2021/09/15 14:20:37
HD001
通过
传输延迟
延迟时差
长度*
(ns)
(ns)
(m)
1,2 426 15 97.1
3,6 411 0 93.6
4,5 415 4 94.6
7,8 424 13 96.6
极限 498 44 90.0
*仅在最短线对上测量长度。

▲ 图 1.8.21　长度测试结果

2. 长度类问题故障分析

查看结果中长度详情,在测试分析时,传输时延和长度属于同一类问题,时延偏离属于线对间长度偏差问题。

3. 记录长度问题分析故障原因

按照表1.8.2格式,填写故障类型、故障定位和原因分析。

想一想:

长度超长可以用吗,会造成什么问题?

▲ 表1.8.2 故障类型、故障定位和原因分析

故障类型	主要故障位置和原因分析(样例)
长度失败	线缆超过90 m(永久链路)
长度失败	线缆超过100 m(通道链路)
传输时延失败	传输时延超过498 ns(永久链路)
传输时延失败	传输时延超过555 ns(通道链路)
时延偏离失败	1,2线对时延偏离大于44 ns阈值(永久链路)
时延偏离失败	1,2线对时延偏离大于50 ns阈值(通道链路)

4. 修复故障链路

如因配线架极限长度下端接而导致无法减小线缆长度,则应对于线缆超长的链路进行标记,特殊记录并存档,使用时链路需降速使用。

如因配线架内冗余过多而导致线缆超长,则可以减小线缆长度,减去超长部分后,重新端接。

对于时延偏离临界导致失败,则可以减小线缆长度,直至符合阈值要求。

对于时延偏离较大导致失败,则更换参数合格的线缆或弃用该链路。

想一想:

双绞线超过100 m是否可用?速率如何?

活动三: 衰减类性能问题故障分析

操作要领

1. 确定错误类型

当测试结果未通过时,查看是否为衰减/插入损耗等问题。

2. 衰减类问题故障分析

查看结果中衰减/插入损耗详情。(如图1.8.22所示)

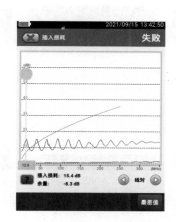

▲ 图 1.8.22　衰减/插入损耗测试结果

想一想：

衰减可能的原因？
可以定位吗？

3. 记录衰减类问题分析故障原因

按照表 1.8.3 格式，填写故障类型、故障定位和原因分析。

▲ 表 1.8.3　故障类型、故障定位和原因分析

故障类型	主要故障位置和原因分析（样例）
衰减/插入损耗失败	线缆设计、制造缺陷或超长、浸水等

4. 修复故障链路

衰减/插入损耗不通过一般与线缆设计、制造相关，且无法用单一手段准确定位，多数情况下也难以修复（需要更换线材）。但如果施工中或使用中出现线缆超长、浸水，也将会引起衰减/插入损耗不通过。

活动四：　串音类性能问题故障分析

操作要领

1. 确定错误类型

当测试结果未通过时，查看是否为近端串音、近端串音功率和、衰减近端串音比、衰减远端串音比、衰减近端串音比功率和、衰减远端串音比功率和等问题。（如图 1.8.23 所示）

2. 串音类问题故障分析

查看 HDTDX 分析工具中串音发生位置信息。

3. 记录串音类问题分析故障原因

按照表 1.8.4 格式，填写故障类型、故障定位和原因分析。

想一想：

NEXT 是两个线
对间的，有几组测
试结果？

想一想：

为何 1000Base‐T
需要测试 PS
NEXT？

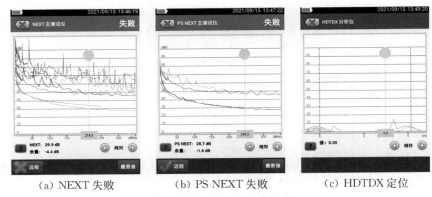

(a) NEXT 失败　　　　　(b) PS NEXT 失败　　　　　(c) HDTDX 定位

▲ 图 1.8.23　串音测试结果

▲ 表 1.8.4　故障类型、故障定位和原因分析

故障类型	主要故障位置和原因分析（样例）
近端串音 NEXT 失败	近端 2.3 m 处，线对间干扰超标
综合近端串音 PS NEXT 失败	近端 2.3 m 处，线对组间干扰超标
衰减近端串音比 ACR-N 失败	近端 2.3 m 处，线对间抗干扰能力不达标
衰减远端串音比 ACR-F 失败	线对间抗干扰能力不达标（无法定位）
衰减近端串音比功率和 PS ACR-N 失败	近端 2.3 m 处，线对组间抗干扰能力不达标
衰减远端串音比功率和 PS ACR-F 失败	线对组间抗干扰能力不达标（无法定位）

4. 修复故障链路

如果串音故障为某一个位置点造成的，则尝试修复该位置，可重打该处模块或水晶头，保证各线对开绞距离尽量小，如测试仍不通过，则更换该处模块或水晶头再行测试，判断是否通过测试。

如果串音故障为某一段链路造成的，则替换该段链路，如无法替换，则弃用该链路。

活动五：　回波损耗性能问题故障分析

操作要领

1. 确定错误类型
当测试结果未通过时，查看是否为回波损耗问题。（如图 1.8.24 所示）

2. 长度问题故障分析
查看 HDTDR 分析工具中回波发生位置信息。

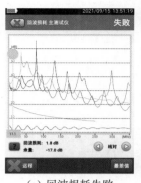 

（a）回波损耗失败 （b）HDTDR 定位

▲ 图 1.8.24 回波损耗测试结果

提示：

选择不同线对，确定是哪一组线对的回波损耗发生问题？

3. 记录回波损耗问题分析故障原因

按照表 1.8.5 格式，填写故障类型、故障定位和原因分析。

▲ 表 1.8.5 故障类型、故障定位和原因分析

故障类型	主要故障位置和原因分析（样例）
回波损耗失败	近端 2.5 m 处，1—2 线对阻抗不匹配，回波超标
回波损耗失败	近端 5 到 10 m 段，3—6 线对阻抗不匹配，回波超标

4. 修复故障链路

对于回波损耗故障为某一个位置点造成的，则尝试修复该位置，可重打该处模块或水晶头，保证每对线间距变化尽量小且均匀，如测试仍不通过，则更换该处模块或水晶头再行测试，判断是否通过测试。

对于回波损耗故障为某一段链路造成的，则替换该段链路，如无法替换，则弃用该链路。

活动六： 平衡性问题故障分析

操作要领

1. 确定错误类型

当测试结果未通过时，查看是否为平衡性问题。

2. 平衡性问题故障分析

查看结果中电阻平衡性和传输平衡性详情（如图 1.8.25 所示）。电阻平衡性在电阻结果一栏中进行分析，传输平衡性在 TCL 和 ELTCTL 中查看。

3. 记录平衡性问题分析故障原因

按照表 1.8.6 格式，填写故障类型、故障定位和原因分析。

提示：

选择不同线对，确定是哪一组线对的 TCL 或 ELTCTL 发生问题？

想一想:

屏蔽线可以改善
传输不平衡特性
吗?

 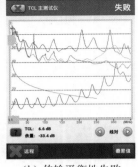

　　（a）电阻平衡性失败　　　　（b）传输平衡性失败

▲ 图 1.8.25　平衡性测试结果

▲ 表 1.8.6　故障类型、故障定位和原因分析

故障类型	主要故障位置和原因分析（样例）
电阻不平衡	电阻线对间阻值不平衡或线对与线对间阻值不平衡
传输不平衡	TCL 和 ELTCTL 抗外部干扰能力不达标

议一议:

请讨论电阻不平
衡对 PoE 应用的
影响?

4. 修复故障链路

　　对于电阻不平衡故障,原因可能为压接不到位或者电阻特性不稳定,可尝试再次压接模块或水晶头,测试平衡是否改善,如未改善,需要分段测试排除有问题链路节点。

　　对于传输不平衡故障,原因可能为线缆对地阻抗的不均衡,这很难通过现场修复,一般通过更换高稳定性的线缆来改善传输平衡性。

 总结评价

　　依据世界技能大赛相关评分细则,本任务的评分标准详见表 1.8.7。其中 M 类是指技术评价的客观分,总分为 10 分。

▲ 表 1.8.7　评分标准

评分类型	评分指标	评价方法	分值	得分
M1	链路测试模型	模型选择正确	1	
M2	极限值	选用极限值正确	1	
M3	故障分析	测试结果判定,故障原因分析正确	4	

续表

评分类型	评分指标	评价方法	分值	得分
M4	故障修复	修复并复测后链路可以通过	4	
		总分	10	

本任务中铜缆布线故障分析是否可解决原有的布线问题呢？是否掌握应用各类国内、国际铜缆测试标准了呢？请对照世赛模块的评分标准对自己的铜缆故障分析过程进行评分，评价分析自己在故障分析排除过程中出现的问题，精益求精，严格要求自己，并做好总结报告。

 拓展学习

故障的成因

在进行故障分析排除时，对于影响双绞线布线的原因，可以多做比对实验。

1. 比对一：回波损耗测试比对

类似图 1.8.26 所示，破坏某一线对的绞距，通过测试仪测试，观察回波损耗参数变化情况。

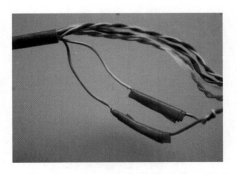

▲ 图 1.8.26 回波损耗故障调节示意图

2. 比对二：近端串音测试比对

类似图 1.8.27 所示，破坏模块后双绞线的开绞情况，通过测试仪测试，观察 NEXT 参数变化情况。

可将开绞距离按 1 cm 与 3 cm 两组进行测试比对。比对时，选择 5 个频

提示：

故障修复后需要复测，确定没有引入其他新的故障。

提示：

分不同间隔距离进行对比。

提示：

为了明显看到串音故障，开绞距离可适当延长。

▲ 图 1.8.27　NEXT 故障调节示意图

率点，按 5 MHz、10 MHz、20 MHz、50 MHz、100 MHz 分别比对测试结果差异。

思考与训练

想一想：

单端测试可以用于排除哪几类故障类型？是否可用测试仪验证？

1. 请使用测试仪单端测试功能进行故障分析，哪些故障可以进行测试并定位？

2. 请使用测试仪自定义 2 对电话线的链路测试标准进行测试。

3. 技能训练：请配合线缆故障箱，加强训练，分别测试每组链路，更换测试标准，观察每个参数的详细信息和变化。

模块二
建筑群布线

建筑群布线(建筑群子系统)能将一幢建筑物中的信息网络布线延伸至另一幢建筑物中,一般由连接各建筑物之间的线缆、配线设备(CD)和跳线等组成,通过建筑物之间的地下管道或电缆沟等敷设方式进行缆线布放,最终组成建筑群子系统。

本模块中,你将通过多幢建筑物之间的布线完成建筑物子系统的缆线布放、标识制作等,同时还需要完成与之相关的运营商局端光缆系统、FTTH光纤入户系统的设备安装、缆线布放以及标识制作等工作,最后对缆线系统进行认证测试。在这些任务中,将结合世界技能大赛的技术规范和要求进行评分,掌握建筑物布线的相关知识和技能。(如图2.0.1所示)

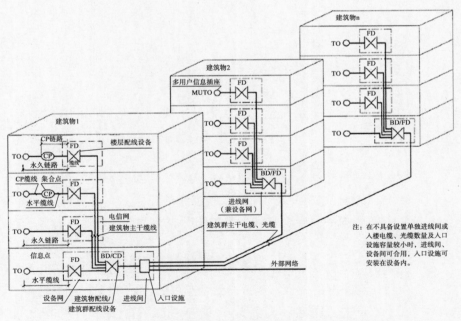

▲ 图2.0.1 建筑群布线与建筑物布线关系示意图

任务一　建筑群子系统的布线安装

学习目标

- 能识别不同类型室外光缆的特性和用途;
- 能依据国家标准完成建筑群子系统中各类光缆布放;
- 能使用光纤熔接工具进行光缆端接;
- 能使用标签打印机制作建筑群子系统线缆与设备标签;
- 养成施工前做好个人防护穿戴,施工过程中合理、便携地使用操作工具,施工完成后清理施工现场的安全文明操作习惯;培育和弘扬严谨认真、精益求精、追求完美的工匠精神。

情景任务

在模块一中你已经完成了建筑物布线和设备安装等工作,建筑物内部的终端设备已能够进行互联。本次任务中,你需完成园区信息中心大楼到本幢建筑之间的建筑群主干光缆布放,使光缆线路分别在两幢建筑物的设备间完成端接,并为建筑群主干光缆制作标签,满足本幢建筑物中的各种智能化系统的信息接入需求。

当前,两幢建筑物的设备间内各部署了一个42U标准机柜,需要接入建筑群光缆,以及安装机架型光纤配线箱。在安装完配线设备之后,统一对设备间机柜内的所有建筑群子系统线缆、配线设备和接线端口的永久性标签进行完整性检查,以满足建筑群子系统配线设备与干线子系统配线设备之间的管理要求。(如图2.1.1所示)

提示:

建筑群布线与建筑物布线关系就是整体与个体的关系,二者相辅相成、互相影响。

思路与方法

建筑群子系统配线设备的安装与端接内容,主要是确定线缆的类型和数量、机柜内的安装位置、配线设备选型、光缆端接与认证测试方案等。

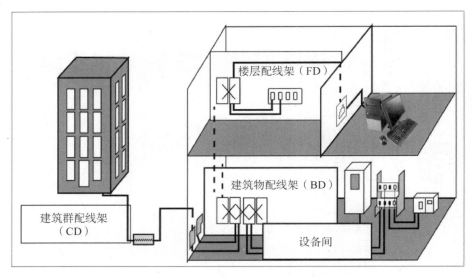

▲ 图 2.1.1　园区信息网络布线系统中的建筑群干线

一、　建筑群子系统的构成要素

　　建筑群子系统（Campus Subsystem）可能分散在几幢相邻建筑物或不相邻建筑物内，建筑群之间的语音、数据、图像和监控等系统使用传输介质、配线设备、网络设备和建筑智能化专业设备连接在一起。依据 GB 50311－2016 国家标准，建筑群子系统应由连接多个建筑物之间的主干缆线、建筑群配线设备（CD）及设备缆线和跳线组成。（如图 2.1.2 所示）

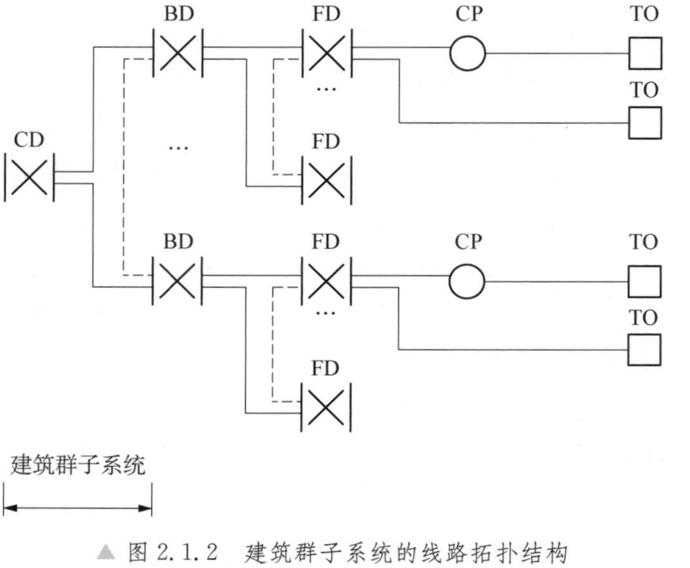

▲ 图 2.1.2　建筑群子系统的线路拓扑结构

建筑群子系统中的缆线布放位置,需要按以下几个步骤进行确认:

第一,确定建筑物的缆线入口。

第二,确定缆线路由过程中的障碍物位置。

第三,确定主光缆路由和备用光缆路由。

第四,选择所需缆线的类型和规格。

二、 建筑群子系统的布线方式

通常建筑群子系统中缆线布放方式可分为以下四种。

1. 架空缆线布放

架空缆线布放方式,通常只用于现成电线杆。(如图 2.1.3 所示)

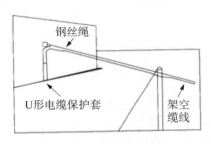

▲ 图 2.1.3　架空缆线布放

2. 直埋缆线布放

直埋缆线布放方式,通常情况下优于架空布线法。(如图 2.1.4 所示)

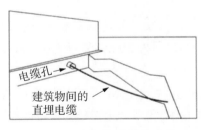

▲ 图 2.1.4　直埋缆线布放

3. 管道系统缆线布放

管道系统缆线布放方法就是将直埋缆线布放原则与管道埋放步骤结合在一起,在管内完成缆线穿放,并在手孔或人孔中进行分缆与端接。(如图 2.1.5 所示)

4. 隧道内缆线布放

由于在某些建筑物之间预设有较宽的隧道,隧道上方有保护盖板,内有供暖、供水等管道,利用此类隧道来敷设缆线不仅成本低,而且可利用原有

想一想:

建筑群子系统的主干缆线里是否包括大对数电缆?

想一想:

架空缆线布放方式容易受到哪些因素的干扰?

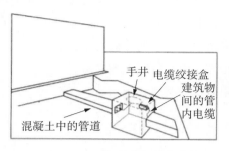

▲ 图 2.1.5　管道系统缆线布放

的保护设施。但考虑到暖气泄漏等问题，缆线布放时应与供气、供水和供暖等管道保持间距，并安装在隧道内的高处。（如图 2.1.6 所示）

想一想：

你见过哪些室外线缆布放方式？

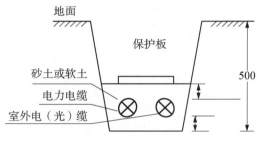

▲ 图 2.1.6　隧道内缆线布放

三、　建筑群干线光缆结构

建筑群干线光缆，一般为室外光缆。室外光缆一般由缆芯、加强元件、填充物和护层等几部分组成，另外根据需要还有防水、缓冲、绝缘金属导线等结构。

光缆设有多重保护层，一般直埋光缆从外到内有 PE 外护套、金属护套、PE 内护套、防水填充物、光纤松套管、油膏和光纤。整个光缆的结构主要是为了保护光纤不受外力的损坏，避免光纤传输特性恶化，从而保证光缆有足够的使用寿命。（如图 2.1.7 所示）

想一想：

室外光缆结构中的各部分有什么作用？

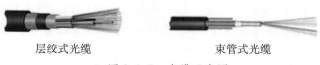

层绞式光缆　　　　　束管式光缆

▲ 图 2.1.7　光缆示意图

四、 需要准备的工具与材料

设备与材料：室外光缆、光纤配线箱、光缆接续尾纤、机柜（运营商局端机柜、中心机柜）。（如表 2.1.1 所示）

安装辅料：大扎带、小扎带、酒精、标签纸、无尘纸（小）、无尘纸（大）、热缩管。（如表 2.1.2 所示）

制作工具：光纤熔接机、光纤切割刀、红光笔、手套、米勒钳、开缆刀、钢丝钳、酒精壶、卷尺、水口钳、记号笔。（如表 2.1.3 所示）

▲ 表 2.1.1 设备与材料

设备与材料	图例	设备与材料	图例
室外光缆		光纤配线箱	
光缆接续尾纤		机柜	

▲ 表 2.1.2 安装辅料

安装辅料	图例	安装辅料	图例
大扎带		小扎带	
酒精		标签纸	
无尘纸(小)		无尘纸(大)	
热缩管			

▲ 表 2.1.3 制作工具

工具	图例	工具	图例
光纤熔接机		光纤切割刀	

提示：

在户外工作时，光纤熔接机和光纤切割刀都需要放置在专门的工具箱内，需要使用时再从工具箱内取出。

想一想：

如何进行施工前的清洁工作和安全防护工作？

续表

工具	图例	工具	图例
红光笔		手套	
米勒钳		开缆刀	
钢丝钳		酒精壶	
卷尺		水口钳	
记号笔			

活 动

活动一：建筑群子系统（室外光缆）缆线布放

操作要领

查一查：

G. 652 和 G. 657
光缆有什么不同？

1. 器材检验

敷设施工前应先检查工具，检验光缆的质量。具体检验内容可参考模块一中任务三的活动一的操作要领。

2. 光缆布放

将光缆理顺，自然平直地布置在管道或者沟槽里，无扭曲。敷设光缆时，牵引力限定在允许范围内，过程中应保证外护层完整、无扭转，避免打小圈。

3. 光缆固定

在两端机柜进线口都要做双扎带绑扎固定，制作并检查进线口标记与单根光缆的标记。室外光缆质地坚硬，绑扎固定不易，要使用专门的绑扎方式进行固定。

4. 光缆预留

在机柜内应有预留,两端各预留 5 m,预留线缆不着地,将预留光缆盘成圈,整理好并固定在机柜侧部。光缆敷设安装的最小弯曲半径应符合规定,至少为光缆直径的 10 倍。(如图 2.1.8 所示)

想一想:

光缆布线为什么有弯曲半径要求?

▲ 图 2.1.8　光缆预留示意图

活动二:　室外光缆端接

操作要领

1. 接续准备

取下光纤配线架的盖板,在每个端口上逐一安装好光纤耦合器。(如图 2.1.9 所示)

提示:

光纤耦合器在使用前保持防尘帽盖好。

光纤配线架

▲ 图 2.1.9　光纤配线架

熔接机开机,设置好熔接模式,处于准备状态。

2. 进线预留

光纤的端接冗余量为 10 m,则光缆两端分别在 BD 机柜和 CD 机柜内预留 5 m。将布进机柜底部的室外光缆,从光纤配线架后端进线口引入到设备内部,在机柜进线口处与设备入口处做必要固定。

提示:

检查光纤熔接机设置的熔接光纤类型是否和被操作光缆类型一致。

3. 开缆操作

使用开缆刀在距光缆端部 0.8—1 m 处夹住光缆，收紧开缆刀划圈，直
至光缆最外层保护套被切开，取下开缆刀，抽出切开的光缆外护套。（如图
2.1.10 所示）

▲ 图 2.1.10　光缆开缆操作

注意事项 ....

开缆时不能损伤内部光纤，若无把握，可小段开剥 2—3 次，直至
剥除外护套 0.8—1 m。（如图 2.1.11 所示）

▲ 图 2.1.11　光缆的分段开剥

4. 开剥处理

解开光纤束的绑绳，在切口处剪去绑绳。（如图 2.1.12 所示）

▲ 图 2.1.12　剪去光缆切口处的绑绳

在光缆开剥处找到光缆内部的加强固定钢丝,使用钢丝钳将钢丝剪断,保留 100—150 mm,以便与光纤配线架固定。(如图 2.1.13 所示)

想一想:

光缆的截面图是怎么样的?

▲ 图 2.1.13　剪断加强固定钢丝

继续剥除光纤束的外护管,用光纤剥线钳在距光缆切口约 40 mm 处切断光纤束的外保护管,取下剥线钳,缓缓抽出光纤束外保护管,此时可以看到透明的只带有涂覆层的一束光纤。由于光缆外护套内部有润滑油脂,需要使用棉纸吸取油脂并擦拭干净,直至每芯光纤能逐一分散开,并确保光纤未断折。

5. 光纤熔接

依照光纤熔接的操作步骤,从蓝色开始依次取出单芯光纤,剥纤,清洁,切割,按 12 芯光纤色序逐一与对应端口的尾纤进行熔接操作。(如图 2.1.14 所示)

想一想:

从开剥光缆到裸纤,需要剥几次?

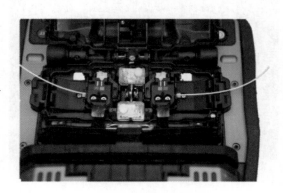

▲ 图 2.1.14　光纤熔接

6. 测试检查

在完成各条光纤链路的两端熔接以后,从一侧尾纤连接器端注入红光,查看光纤链路两端熔接点处的损耗情况,如损耗过大有必要重新接续。(如图 2.1.15 所示)

想一想：

造成损耗过大的原因一般有哪些？

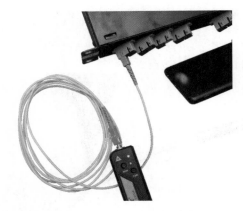

▲ 图 2.1.15 红光光纤测试

7. 盘纤整理

（1）将熔接完成的光纤盘到光纤收容盘内。盘纤时,热缩管依序置入盘中横槽内,将尾纤侧光纤沿盘纤盒外侧大弧度绕圈从一侧进线口盘入光纤收容盘内。

（2）光缆侧光纤也沿盘纤盒外侧大弧度绕圈从同一侧（不应从对角处进纤）的另一端进线口盘入光纤收容盘内,盘圈的半径越大,弧度越大,整个线路的损耗可能就越小。

（3）尽量整理每一条光纤链路,保证各条链路逐一分开、纹丝不乱、美观整齐。（如图 2.1.16 所示）

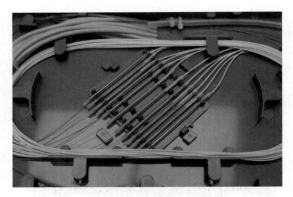

▲ 图 2.1.16 盘纤整理

提示：

如果盘纤光缆的弯曲半径过小,会对信号传输造成什么影响？

注意事项

　　盘纤时,先整理光纤束,再整理尾纤。保证光缆的弯曲半径足够大,用红光笔检查是否有严重光泄露。

8. 安装固定

按照底层为使用中的裸纤、中间为尾纤、最上层为未使用预留裸纤的顺序,将光纤按照合适的弯曲半径恰当地存储在盘纤盘内。盖上配线架盖板,并将配线架安装到设备间机柜的底端。(如图 2.1.17 所示)

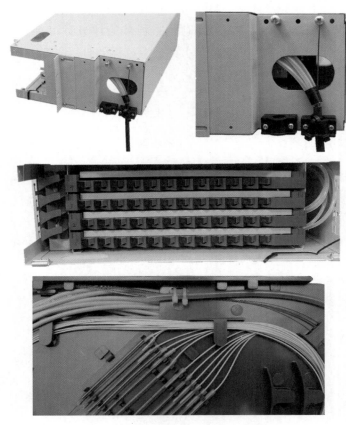

▲ 图 2.1.17　光缆进线口处正确的固定方式

注意:

盘纤盒安装过程中,注意保护束管弯曲半径,不能有弯折。

注意:

束管在盘纤盒入口处,用 2 根小扎带捆扎,力度适宜,以免过紧捆扎损坏缆芯或捆扎不牢固造成束管从盘纤盒入口脱落。

活动三: 设备上架及标识管理

操作要领

1. 配线设备安装

将光缆两端已完成线路安装到 CD 配线设备和 BD 配线设备,分别安装进主建筑群设备间和建筑物设备间机柜内。安装位置可参考机柜设备安装示意图,安装方法可参照模块一中任务四的活动二。

2. 标签制作

根据预定设计,使用标签打印机打印并粘贴标签,包括机柜、配线架设备和端口标签,确保光缆路由沿途的线缆标签齐全。

3. 标签检查

检查光缆在机柜进线口处、配线盘的端口和尾纤的固定和标签。

 **总结评价**

想一想:

CD 配线架和 BD 配线架有没有区别? CD 配线架是安装在园区信息中心还是在某幢大楼的设备间内?

依据世界技能大赛相关评分细则,本任务的评分标准详见表 2.1.4。其中,M 类是指技术评价的客观分,J 类是指过程、结果评价的主观分,总分为 10 分。

▲ 表 2.1.4 评分标准

评分类型	评分指标	评价标准	分值	得分
M1	按时完成	按时完成全部工作量	0.5	
M2	光纤链路测试	安装完成的链路能通过随工测试	1	
M3	建筑群主干布线	两端预留足够(CD、BD 机柜各预留 5 m)	0.5	
		机柜内进线口双扎带捆扎固定,侧边整理到位,预留不落地	0.5	
		布线转弯半径足够、无挤压、固定牢固(室外光缆扎带交叉固定在桥架上)、方便维护	1	
M4	光纤链路安装整理	光缆在配线设备的入口固定	0.5	
		盘纤存储固定:热缩管按照色序摆放整齐,按照由下往上盘纤顺序(裸纤—尾纤—未使用),最短预留 2 圈	0.5	
		开剥长度合适(1 m),端面整齐,无破损,处理整洁	0.5	
		盖盖前清理 odf 盒内部杂物、油脂	0.5	
		熔接点不居中,热缩管两端喇叭口,热熔时间不足导致热缩管不透明或扭曲则扣分	0.5	
		配线架未使用端口的耦合器,防尘帽完整	0.5	
		机柜进线口线缆无缠绕交叉,机柜底部、侧边线缆整理美观整齐	0.5	
M5	设备安装规范	设备安装位置正确、牢固(机柜、配线架、光端盒、理线架、接地)	0.5	

想一想:

耦合器防尘帽不盖,会对光纤链路造成什么影响?

续表

评分类型	评分指标	评价标准	分值	得分
M6	标识管理	标签填写规范、粘贴位置正确（机柜、配架、端口、尾纤/法兰、单根线缆）	0.5	
		标签排布标准整齐，平整且朝向统一	0.5	
J1	整顿素质	在实训开始之前，能充分准备好实训材料、工具；在实训过程中，能时刻保持工作区域的整齐、整洁；在实训完成时，能保持工具归位，剩余材料整理到位	1	
J2	安全文明	能在实训全程按照要求穿戴劳保服、劳保鞋，且在端接过程中佩戴护目镜、劳保手套，不出现安全违规操作	0.5	
		总分	10	

你的工程质量和安装工艺是否得到了用户的肯定呢？请对照世赛建筑群模块的评价标准进行自查，与教师进行探讨，共同改进和提高施工质量和美观度。你可以将自己的"作品"存照记录，将自己的心得总结写进工作报告。

想一想：

标识缺失或错误会对链路造成什么影响？

拓展学习

建筑群子系统中建筑智能化设备的线路布局

在建筑群子系统的布线设计中，室外的智能化网络设备线路会同时进行设计与施工。典型的室外智能化设备如视频监控摄像机等的布线线路，同样需要沿着园区管网进行施工。请学习以下建筑智能化设备的网络拓扑结构，了解其通过铜缆或光缆的布线要求，从而能够完成复合型设计与施工工作。

例如，下面的视频监控与出入口控制系统，在室外安装时涵盖室外道路、围墙、大门通道等线路布局场景，需要更多地考虑布放方式、美观程度以及对用户日常工作的影响。（如图 2.1.18 所示）

提示：

监控使用的摄像机有各种不同的型号如带云台、半球形、球形，每种摄像机运用的场合不同。

思考与训练

建筑群干线在敷设到园区信息中心和公司一楼设备间时都要经过进线

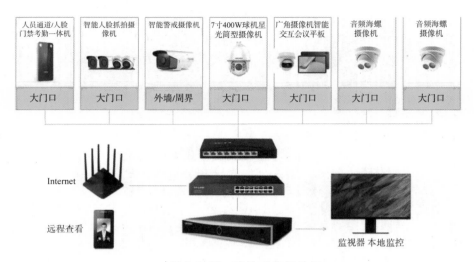

▲ 图 2.1.18 安防系统拓扑图

间,在常规情况下,进线间会预留有专门的建筑群干线进线管口。

1. 如果是电话线路,用大对数电缆做干线,能否和进线光缆合用一根管道？请阐述你的观点和看法。

2. 请你查阅资料,说一说在有多幢建筑物的建筑群子系统中,能否不设立 CD,而在每幢大楼的 BD 之间建立直达路由,为什么？

查一查：

光缆的选型原则和方法是什么？

3. 技能训练：现有 A、B、C 三幢建筑需要完成建筑群布线,A 楼进线间内的光纤配线架为 CD 侧,B 楼和 C 楼的进线间内分别需要 5 对光信号接入,请在 4 芯、6 芯、8 芯和 12 芯的室内、室外单多模光缆中挑选出合适的型号进行布线、端接与测试工作,并对选型的原因进行分析和阐述。

任务二 室外光缆接续盒安装

 学习目标

- 能完成室外光缆接续准备;
- 能使用光纤熔接机端接室外光缆;
- 能使用螺丝刀等工具安装光缆接续盒;
- 能使用标签打印机制作光缆接续盒管理标签;
- 养成施工前做好个人防护穿戴,施工过程中合理、便携地使用操作工具,施工完成后清理施工现场的安全文明操作习惯;培育和弘扬质量上追求完美、技术上追求极致的工匠精神。

情景任务

在之前的任务中,你已完成了建筑群子系统的缆线布放与配线设备安装,现在需要将通信运营商的数据网络接入至园区内部。(如图 2.2.1 所示)

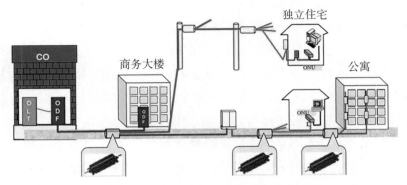

▲ 图 2.2.1 生活中的室外光缆接续示意图

本任务中,你需要在光缆接续盒内使用光纤熔接等方法完成光纤线路的接续工作,并正确安装光缆接续盒。(如图 2.2.2 所示)

提示:

在实际工作时,不仅要考虑目前用户线路的数量,还要充分考虑未来用户的数量。而且老城区和新城区的用户增量也不尽相同,要考虑全面。

想一想:

图 2.2.1 中左侧 OLT/ODF/CO 分别代表什么?

炮筒型接续盒　　　　　　　　　常规型接续盒

▲ 图 2.2.2　接续盒示意图

想一想：

室外光纤接续盒和室内光纤接续盒在设计上有什么不同？

电信运营商的光缆通信网中需要进行大量的光纤线路中继，在迈向智慧城市的进程中，市政各区通信管网都在不断升级，为此，光缆线路的增量巨大。通过对室外光缆进行分缆与光缆接续，能使通信运营商的光缆线路从市政道路通信管网进入至园区内部，从而完成整个园区的数据网络接入工作。

 思路与方法

本任务的基础是室外光缆接续安装。但需要用到新的设备——室外光缆接续盒。完成本项任务，首先需要对室外光缆接续盒的构造和种类有所了解。

一、光缆接续盒的构造和用途

1. 光缆接续盒的内部结构

打开接续盒，其内部构造包括支撑架、固定装置、盘纤盒、密封条。

支撑架用于光缆的进线固定，是内部构件的主体。

光缆固定装置用于光缆与底座固定和光缆加强元件固定。具体包括以下几种：一是光缆加强芯在内部的固定；二是光缆与支撑架夹紧的固定；三是光缆与接头盒进出缆用热缩护套密封固定。

多层盘纤盒能有顺序地存放光纤接头和余留光纤，并能够根据光缆接续的芯数调整收容盘。熔接完成后，把热缩后的保护套管放在收容盘里的纤芯固定夹上。

接续盒合上，对外壳进行密封。对光缆及底座进缆、出缆处用砂布将接头盒和光缆的交接处进行打磨，用清洁剂把打磨处擦干净，并使用自粘密封胶带进行密封。

想一想：

为什么要对接续盒做密封处理？

2. 光缆接续盒用途

光缆接续盒适用于各种光缆的架空、管道、直埋等敷设方式之直通和分支连接，以及光缆在终端机房内的接续。

3. 光缆接续盒特点

光缆接续盒盒体采用增强塑料，强度高，耐腐蚀，结构成熟，密封可靠，施工方便。它能起到保护和接续室外光缆的作用。

光缆接续盒有多种类型。按光缆连接方式分类，可分为直通型和分歧型。按是否可以装配适配器分类，可以分为可装配适配器型和不可装配适配器型。按外壳材料分类，可分为塑料外壳型和金属外壳型。

想一想：

你曾在户外见到过光缆接续盒吗？

二、需要准备的工具与材料

材料、设备：室外光缆两路、光缆接续盒。（如表 2.2.1 所示）

安装辅料：扎带、标签纸、酒精、热缩管、无尘纸。（如表 2.2.2 所示）

制作工具：光纤熔接机、光纤切割刀、手套、米勒钳、开缆刀、钢丝钳、酒精壶、卷尺、水口钳、记号笔。（如表 2.2.3 所示）

想一想：

冷接和热熔的区别是什么，为何室外不采用冷接方式？

▲ 表 2.2.1　材料、设备

材料	图例	设备	图例
室外光缆		光缆接续盒	

▲ 表 2.2.2　安装辅料

安装辅料	图例	安装辅料	图例
扎带		标签纸	
酒精		热缩管	
无尘纸			

▲ 表 2.2.3 制作工具

工具	图例	工具	图例
光纤熔接机		光纤切割刀	
手套		米勒钳	
开缆刀		钢丝钳	
酒精壶		卷尺	
水口钳		记号笔	

提示:

室外施工,所有设备、工具及施工耗材都需对照清单提前准备充分并妥善存放,便于取用。

活　动

活动一: 室外光缆的进缆和安装

操作要领

1. 光纤准备

提示:

光缆去除外护套,可以采用分段去除法和整段去除法。

去除光缆外护套,包括屏蔽层和铠装层,去除各外层至露出松套管。具体方法,请按光缆厂家推荐的标准方法步骤进行,去除长度为 2 m—3 m。(如图 2.2.3 所示)

▲ 图 2.2.3 量取长度并剥除光缆外护套

用清洁剂清洁松套管及加强芯护套,去除多余的填充套管,用所提供的砂纸打磨光缆外皮 150 mm 长,为后续密封做准备。(如图 2.2.4 所示)

▲ 图 2.2.4　光缆松套管清洁

2. 进缆

按光缆外径选取最小内径的密封环,将两个密封环套在光缆上,并继续将光缆引至收容盘就近的进线口。

3. 封端

在两个密封环之间缠绕上自粘密封胶带,使密封带绕到与密封环外径平齐,以形成一个光缆密封端,将光缆密封端按入光缆入孔内。

4. 固定

用喉箍穿过光缆加强筋固定座和缆芯支架,将光缆固定在接续盒底座上,旋紧喉箍螺钉,直至喉箍抽紧为止。

在光缆上扎上尼龙扎带,剪断余长,入口处需要双扎带固定。

未穿线的光缆孔,需要使用堵头密封,堵头上同样缠绕密封胶带。

5. 缠绕加固

将加强构件缠绕在熔接盘支座的沉头螺钉上,并压紧。

活动二： 光缆接续盒内光纤接续

操作要领

1. 盘纤

预备上盘后盘绕 1.5 圈的光纤,随后将余纤全部盘绕在盒体内。

注意事项

单芯光纤上盘需要使用单芯缓冲管,在熔接盘的进口处需要使用尼龙扎带扎紧。

想一想:

为什么要选取最小内径的密封环?

想一想:

缓冲管有什么作用?

2. 对接

按规定方法对接两芯光纤,将接头卡入熔接单元卡槽中,余长需要在熔接盘内盘绕。

3. 盖盘

将熔接盘盖上,压紧,使其卡到位。(如图 2.2.5 所示)

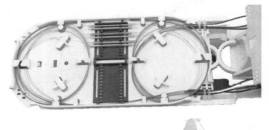

▲ 图 2.2.5　整理好的熔接盘

注意事项

（1）按接头盒需要的不同容量决定熔接盘叠加的盘数,熔接盘的叠加形式必须符合光纤接头的卡入熔接单元。

（2）熔接盘每两只叠加,可以将橡胶折页上六个孔分别卡住上下两个盘上的各三个固定柱。

（3）当需察看或维护某一层盘熔接情况时,只要将该盘单面的上层扣住的两片折页拆下,即可如翻书页一样打开熔接盘。

4. 密封

将盒体密封面擦干净,在盒体内密封槽内布放密封胶条,在光缆入口处缠绕密封胶带。

再次检查未使用的入口是否已使用堵头进行封闭,并确认胶条置于密封槽内。

　　盖上盒盖,使用内六角扳手固定盒盖并锁紧固定螺丝。

　　使用标签打印机,在面盖标签区域做好标签。(如图 2.2.6 所示)

议一议:

为什么光纤不是金属,却依然要做好密封防水工序?

▲ 图 2.2.6　接续盒体的密封与标签制作

 总结评价

　　依据世界技能大赛相关评分细则,本任务的评分标准详见表 2.2.4。其中,M 类是指技术评价的客观分,J 类是指过程、结果评价的主观分,总分为 10 分。

▲ 表 2.2.4　评分标准

评分类型	评分指标	评价标准	分值	得分
M1	按时完成	按时完成全部工作量	1	
M2	熔接检验	熔接质量及格,热缩管热缩到位,光纤处理整洁美观	1	
M3	盒内线路安装整理	正确盘纤存储,包括弯曲半径、挤压等	1	
		按照光纤松套管色序从下往上使用熔纤盘	0.5	
		热缩管在盘纤盒内槽安装居中	0.5	
		接续盒安装位置正确,安装牢固,横平竖直没有松动	0.5	
		入口处的所有松套管需要使用透明保护管进行保护,进入路由正确美观	1	
		接续盒内洁净,没有多余的垃圾废物,满足环境卫生要求	0.5	
		接续盒外的光缆预留需要分开捆扎预留,不得捆扎在同一个系统中	0.5	

想一想:

预留光纤余长多少合适,如何捆扎?

续表

提示：

室外施工容易受
潮,标签需要使用
油性记号笔或者
耐腐蚀贴纸材料

评分类型	评分指标	评价标准	分值	得分
M4	标识管理	盘纤盒耦合器上的端口号标识、尾纤标识标记正确	0.5	
		光纤布线记录表内容正确,在光端盒顶部进行固定,位置正确	0.5	
		光纤接续盒的标签粘贴位置正确,内容正确	0.5	
J1	整顿素质	在实训开始之前,能充分准备好实训材料、工具;在实训过程中,能时刻保持工作区域的整齐、整洁;在实训完成时,能保持工具归位,剩余材料整理到位	1	
J2	安全文明	能在实训全程按照要求穿戴劳保服、劳保鞋,且在端接过程中佩戴护目镜、劳保手套,不出现安全违规操作	1	
		总分	10	

请严格对照标准检查自己的安装质量,做出自评,分析自己在操作过程中突出的方面和需要改进的地方,并将这些实践经验总结到自己的工作报告中。

📖 拓展学习

带状光缆的用途与施工

想一想：

你认为带状光缆会取代现在的单芯光缆吗?

带状光缆(如图 2.2.7 所示)因其纤芯容量大、光纤带强度大以及优越的性能价格比等优势,在用户接入网主干光缆线路中已经得到了越来越广泛的应用。在本地网光缆线路维护工作中,带状光缆接续,也就是光纤带接续与单芯光缆成带接续的情况也越来越多。

▲ 图 2.2.7 带状光缆示意图

　　光纤带接续与单芯光纤接续相似,使用专用光纤带夹具(不同芯数的光纤带对应不同尺寸型号的夹具)把光纤带夹好后进行端面处理,然后接续。

 **思考与训练**

　　在实际应用中,会接触到不同类型的室外光缆接续盒。

　　1. 请你在室外独立拍摄一个光缆接续盒,并说明该光缆接续盒的类型与安装方法。

　　2. 在实际工作中,光缆接续盒和光缆终端盒中均需要进行光缆熔接操作,请你思考并回答光缆接续盒与光缆终端盒在用途上的差异。

　　3. 技能训练:实际工程中,也会遇到需要在已安装的接续盒内增设光缆的情况。请你在一个已接续的一进二出接续盒中,增加一根光缆,使其变为二进二出。

想一想:

在实际工程中,不同环境下使用的光缆接续盒种类各不相同,那么选择不同类型的光缆接续盒的依据有哪些?

任务三　FTTH 入户工程安装

学习目标

- 能使用螺丝刀等工具安装 FTTH 光纤到户系统中的配线设备；
- 能使用光纤熔接机等工具熔接室外光缆；
- 能使用光分路器连接室外光缆和入户分纤线路；
- 能使用标签打印机对壁挂式光端盒进行标签制作与管理；
- 养成施工前做好个人防护穿戴，施工过程中合理、便携地使用操作工具，施工完成后清理施工现场的安全文明操作习惯；培育和弘扬细节上坚守、态度上严谨的工匠精神，以及凝神聚力、追求极致的职业品质。

情景任务

你被派往某小区的工程现场，负责电信运营商的光纤到户安装项目，室外光缆已布放至单元楼内的楼层配线间。你需要根据项目所在小区的地址，前往指定的单元楼，完成光纤入户安装与测试工作。（如图 2.3.1 所示）

想一想：

FHHB 术语的含义是什么？

查一查：

全光网中 OLT 和 ONT 是什么意思？它们的作用各有哪些？

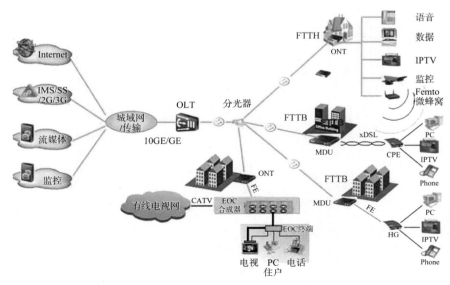

▲ 图 2.3.1　全光网络和 FTTH 应用

一、什么是FTTH

光纤到户（Fiber To The Home，FTTH，也称 Fiber To The Premises）是一种光纤传输和接入技术，能直接把光传输信号从局端接到用户的家中。

FTTH 的显著技术特点是能提供更大的带宽，并增强了网络对数据格式、速率、波长和协议的透明性，放宽了对环境条件和供电等要求，简化了维护和安装。

GB 50311－2016《综合布线系统工程设计规范》在最新版中增设了光纤到用户单元通信设施一章内容。它指出在公用电信网络已实现光纤传输的地区，建筑物内设置用户单元时，通信设施工程必须采用光纤到用户单元的方式建设。光纤到用户单元通信设施工程的设计，必须满足多家电信业务经营者平等接入、用户单元内的通信业务使用者可自由选择电信业务经营者的要求。新建光纤到用户单元通信设施工程的地下通信管道、配线管网、电信间、设备间等通信设施，必须与建筑工程同步建设。

当前我国正在全面推进高速全光网络的建设，FTTH 也被加入了信息网络布线标准。在光纤入户工程中要求做到快速、高效施工安装，尽量不打扰住户、破坏环境，从而提升用户的满意度。

> 查一查：
>
> *请自行查一查 GB 50311－2016《综合布线系统工程设计规范》。*

二、FTTH 缆线与配线设备的选择

1. 光缆光纤选择的规定

（1）用户接入点至楼层光纤配线箱（分纤箱）之间的室内用户光缆，应采用 G. 652 光纤。

（2）楼层光缆配线箱（分纤箱）至用户单元信息配线箱之间的室内用户光缆，应采用 G. 657 光纤。

2. 室内外光缆选择的规定

（1）室内光缆宜采用干式、非延燃外护层结构的光缆。

（2）室外管道至室内的光缆，宜采用干式、防潮层、非延燃外护层结构的室内外用光缆。

（3）光纤连接器件宜采用 SC 和 LC 类型。

3. 用户接入点采用机柜或共用光缆配线箱配置的规定

（1）机柜宜采用 600 mm 或 800 mm 宽的 19″标准机柜。

> 查一查：
>
> *G. 652 光纤又分 A、B、C、D 类别，它们有什么区别？*

（2）共用光缆配线箱体应满足不少于 144 芯光纤的端接。

4. 用户单元信息配线箱的配置规定

（1）配线箱应根据用户单元区域内信息点数量、引入缆线类型、缆线数量、业务功能需求选用。

（2）配线箱箱体尺寸,应充分满足各种信息通信设备摆放、配线模块安装、光缆端接与盘留、跳线连接、电源设备和接地端子板安装以及业务应用发展的需要。

（3）配线箱的选用和安装位置,应满足室内用户无线信号覆盖的需求。

（4）当超过 50 V 的交流电压接入箱体内电源插座时,应采取强弱电安全隔离措施。

（5）配线箱内应设置接地端子板,并应与楼层局部等电位端子板连接。

三、 为什么 FTTH 工程中要使用光纤冷接

提示:

FTTD（光纤到桌面）,也是未来发展的方向。

光纤冷接技术也称为机械接续。与电弧放电的熔接方式不同,机械接续是把两根处理好端面的光纤固定在高精度 V 形槽中,通过外径对准的方式实现光纤纤芯的对接,同时利用 V 形槽内的光纤匹配液填充光纤切割不平整所形成的端面间隙,这一过程完全无源,因此被称为冷接。（如图 2.3.2 所示）

想一想:

冷接对温度是否敏感,北方户外是否适用冷接?

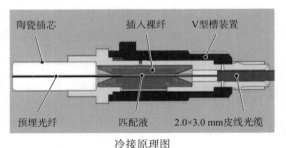

▲ 图 2.3.2 冷接子原理示意图

作为一种低成本的接续方式,光纤冷接技术在信息网络布线施工过程中,也具有一定的适用性。

四、需要准备的工具与材料

材料、设备:室外光缆、尾纤、壁挂式光端盒。(如表2.3.1所示)

安装辅料:小扎带、标签纸、酒精、热缩管、无尘纸。(如表2.3.2所示)

制作工具:光纤熔接机、光纤切割刀、手套、米勒钳、开缆刀、钢丝钳、酒精壶、卷尺、水口钳、记号笔。(如表2.3.3所示)

▲ 表2.3.1　材料、设备

材料、设备	图例	材料、设备	图例
室外光缆		尾纤	
壁挂式光端盒(壁挂式ODF)			

▲ 表2.3.2　安装辅料

安装辅料	图例	安装辅料	图例
小扎带		标签纸	
酒精		热缩管	
无尘纸(小)			

想一想:

光纤冷接和光纤熔接各自的特点和适用场景是什么?

想一想:

壁挂式光端盒有安装方向吗? 空间受限时,可以倒置安装吗?

▲ 表 2.3.3 制作工具

工具	图例	工具	图例
光纤熔接机		光纤切割刀	
手套		米勒钳	
开缆刀		钢丝钳	
酒精壶		卷尺	
水口钳		记号笔	

活 动

活动一：安装入户干线光缆

操作要领

1. 进线固定

光缆从壁挂式光端盒光缆入口处进线，并固定牢固，要求加强筋超出固定柱不超过 2 mm。

2. 光缆开剥

开剥室外光缆，开缆长度约为 1.5 m。

3. 光纤熔接与整理

（1）熔纤盘有多层，按照光纤松套管色序从下往上使用熔纤盘。

（2）量好光纤到熔纤盘的距离，做好标记，在标记处拆下光纤松套管，吸掉纤芯润滑油脂，处理光纤束。

（3）按色序与尾纤对应熔纤。

想一想：

光纤熔接时，为什么要按照光纤松套管色序从下往上使用熔纤盘？

（4）将熔接完成的各芯光纤在熔纤盘内一一盘纤整理，依序放置。（如图 2.3.3 所示）

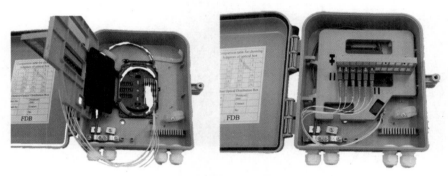

▲ 图 2.3.3　光缆接续整理完成的壁挂式光端盒

4. 耦合器安装

安装壁挂式光端盒适配的光纤耦合器，要求方向一致、安装牢固，未使用的耦合器在熔纤盘上需要盖好防尘帽。

5. 端口标签制作

标识盘纤盒耦合器上的端口号，标识尾纤，要求标记正确。（如图 2.3.4 所示）

想一想：

如何确定壁挂式光端盒耦合器安装方向？

想一想：

为什么耦合器和尾纤上都需要做标记？

▲ 图 2.3.4　壁挂式光端盒内的尾纤标识

6. 清理与锁闭

清理壁挂式光端盒和熔纤盘,保证内部洁净度,并使用配套钥匙锁闭壁挂式光端盒。

7. 壁挂式光端盒安装

将壁挂式光端盒安装在墙面指定位置,安装牢固,要求横平竖直没有松动。(如图 2.3.5 所示)

▲ 图 2.3.5　使用水平尺校正安装平整度

8. 填写记录

对应壁挂式光端盒内的光纤线路,填写记录表(如图 2.3.6 所示),并将记录表在光端盒顶部进行固定。

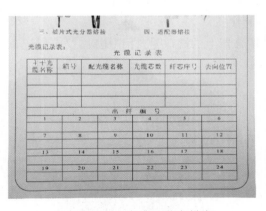

▲ 图 2.3.6　光缆记录表样式

9. 设备标签制作

使用标签打印机为壁挂式光端盒制作标签,核对标签内容并粘贴于统一位置。(如图 2.3.7 所示)

想一想:

壁挂式光端盒安装需要用到哪些工具?

想一想:

填写光缆记录表的意义有哪些?

▲ 图2.3.7 壁挂式光端盒标签制作

总结评价

依据世界技能大赛相关评分细则,本任务的评分标准详见表2.3.4。其中,M类是指技术评价的客观分,J类是指过程、结果评价的主观分,总分为10分。

▲ 表2.3.4 评分标准

评分类型	评分指标	评价标准	分值	得分
M1	按时完成	按时完成全部工作量	1	
M2	测试检验	熔接质量及格,热缩管热缩到位,光纤处理整洁美观	0.5	
		冷接头能通过连通性测试	1	
M3	光端盒安装整理	检查盘纤盒,正确盘纤存储,包括弯曲半径、挤压等	0.5	
		按照光纤松套管色序从下往上使用熔纤盘	0.5	
		正确的热缩管安装位置,在盘纤盒内槽安装居中	0.5	
		光端盒安装位置正确,安装牢固,横平竖直没有松动	0.5	
		壁挂式光端盒光缆入口处固定牢固,加强筋超出固定柱不超过2mm,固定牢固	0.5	
		光端盒使用的耦合器安装到位,方向一致,安装牢固,未使用的耦合器在熔纤盘上应盖好防尘帽	0.5	

想一想:

壁挂式光端盒内的光缆安装与接续盒内的光缆安装有什么不同?

想一想:

光端盒内缆芯弯曲半径要求是什么?

续表

评分类型	评分指标	评价标准	分值	得分
		光端盒、熔纤盘内洁净,没有多余的垃圾废物,满足环境卫生要求	0.5	
		壁挂式光端盒使用配套钥匙进行锁闭到位	0.5	
M4	标识管理	盘纤盒耦合器上的端口号标识、尾纤标识标记正确	0.5	
		光纤布线记录表内容正确,在光端盒顶部进行固定,位置正确	0.5	
		光端盒的标签粘贴位置正确,内容正确	0.5	
J1	整顿素质	在实训开始之前,能充分准备好实训材料、工具;在实训过程中,能时刻保持工作区域的整齐、整洁;在实训完成时,能保持工具归位,剩余材料整理到位	1	
J2	安全文明	能在实训全程按照要求穿戴劳保服、劳保鞋,且在端接过程中佩戴护目镜、劳保手套,不出现安全违规操作	1	
		总分	10	

你已成功完成小区单元楼道内的入户设备安装测试,你对自己的施工质量和素质有怎样的评价?请对照世赛相关评价标准,对自己的工作进行评价,并将其他同学与用户的反馈和你的思考总结进工作报告。

📖 拓展学习

无源光纤网络技术

想一想:

GPON 的优势是什么?为什么说它是实现接入网业务宽带化、综合化改造的理想技术?

GPON(Gigabit-CapablePON,千兆比无源光网络)技术是基于 ITU-TG.984.x 标准的最新一代宽带无源光综合接入标准,具有高带宽、高效率、大覆盖范围、用户接口丰富等众多优点,被大多数运营商视为实现接入网业务宽带化、综合化改造的理想技术,也是 FTTH 光纤入户后网络通信的主要方式。(如图 2.3.8 所示)

请对 GPON 技术进行学习,了解其技术原理、通信流程与设备组网方法。

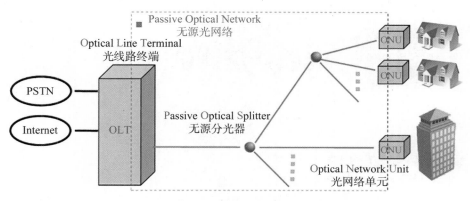

▲ 图 2.3.8　FTTH 光纤入户示意图

1. 某小区有三栋 14 层高楼,每层 7 户,按照 100％全覆盖,48 芯主干光缆直接上联 OLT 机房。请你试着分析该小区应该如何设立光缆交接箱。

2. 请你查阅资料,试分析 FTTB、FTTH 和 FTTR 的主要区别及施工难点。

3. 技能训练:在掌握入户光端盒安装和冷接技术的基础上,结合入户操作,请你试完成在带光分路器的壁挂式光端盒内实现光分路入户。

查一查:

入户光猫的接口的最低光功率是多少? 如何在保证用户正常使用的情况下合理使用光分器,以对用户数量做到最大数量的扩容?

想一想:

光纤冷接在光纤入户施工中与热熔相比,其优势是什么?

任务四　光缆认证测试

学习目标

- 能描述光纤一跳线测试、二跳线测试和三跳线测试方法模型；
- 能使用发射/接收光纤设置 OTDR 补偿；
- 能根据不同光纤被测链路，正确配置测试参数；
- 能独立完成链路测试，并生成测试报告；
- 能按照仪器使用说明进行操作，避免违规操作，养成安全文明的工作习惯。

情景任务

查一查：

OLTS 测试和 OTDR 测试分别具有什么含义？

在前几项任务完成后，项目进入到验收阶段，需要对新安装的建筑群布线中的光缆依据 GB/TIA/ISO 等标准进行认证测试，并提供一份整体园区建筑群光缆的验收报告。

你作为专业测试人员，需要借助布线认证测试仪进行测试，提供反映该园区信息布线光缆施工质量的报告，用于验收和文档备案，以及后续提供给运维部门(例如交给 IT 部门)以便日常维护参考。

思路与方法

想一想：

项目验收一般采用一级测试还是二级测试？

查看项目施工区域平面图，确定主干光缆分布，确定光纤链路构成分段情况。首先查看光纤配线架接口类型、处于室内还是室外、光纤类型、熔接情况等信息，确定光纤链路点位。然后，判断测试方法、测试波长，根据链路两端情况，选择测试模型，并设置参考。再根据设计施工要求，选择合适的测试标准，配置仪器的熔接点和连接器数量或其他参数，然后连接测试链路，执行测试，生成报告。

一、确定现场光纤布线情况

1. 确定光纤链路点位路由

光纤的测试一般位于机柜两端,通过一到两芯红光测试确认光缆走向。需要注意的是,一般红光功率为 1 dBm 到 30 dBm,检测距离有 5—40 km 不等,当长距离使用时,须注意量程,因为超长距离光纤不适用于红光确定点位路由。

2. 确定测试方法

光纤测试方法分两种:一级测试和二级测试。一般智能建筑验收,建议采用一级测试,如本次任务中的光纤链路测试;数据中心建议采用二级测试,如网络核心机房内以及各汇聚机房内光纤链路。GB/T50312 - 2016《综合布线系统工程验收规范》中提出,对于光纤的测试首选一级测试,高速光纤建议验收测试采用二级测试。

一级测试,主要用于确保高质量的网络性能和完整性。

一级测试测试内容包括:①光缆长度;②极性;③衰减。

测试方法为借助光损耗测试装置(OLTS-Optical Loss Test Set)完成,即光源光功率计进行测试。本任务中,测试设备为福禄克 CertiFiber Pro 光纤认证测试仪。

二级测试,为一级测试加上 OTDR(光时域反射计)测试曲线和事件判断。OTDR 测试可以检测损耗、连接器反射、熔接点位置、弯曲事件等,判断安装质量,这些在 OLTS 测试中是无法获得的。

二级测试测试内容包括:①光缆长度;②极性;③衰减;④OTDR 曲线和事件。

本任务中,二级测试设备为 CertiFiber Pro 光纤认证测试仪和 OptiFiber Pro 光纤 OTDR 测试仪。

3. 确定测试光纤类型和波长

光纤分不同类型,单模分为 OS1(或 OS1a)、OS2;多模分为 OM1、OM2、OM3、OM4、OM5。

(1)根据套管和喷码确定光纤类型。

OS1(或 OS1a)单模光纤通常采用紧套管结构,专为室内应用而设计。

OS2 单模光纤通常采用松套管设计,更适合户外应用。

紧套管和松套管的结构,如图 2.4.1 所示。可根据产品包装识别光纤类型,如图 2.4.2 所示。

注意识别分类,不同分类在测试时存在较大区别:

议一议:

OTDR 测试能不能测得光衰减?为什么?

想一想:

为什么要测试光纤类型和波长?

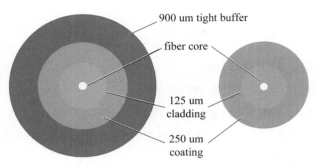

▲ 图 2.4.1　紧套管和松套管示意图

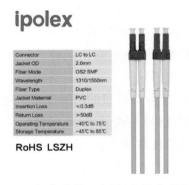

▲ 图 2.4.2　包装说明示意图（本图为 OS2 类型）

- 衰减系数
- OS1（或 OS1a）的最大允许衰减系数为 1.0 db/km。
- OS2 的最大允许衰减系数为 0.4 db/km。
- 传输距离
- OS1（或 OS1a）单模光纤的最大传输距离为 10 km。
- OS2 单模光纤的最大传输距离则可以达到 200 km。
- 支持速率
- OS1（或 OS1a）和 OS2 单模光纤都可以在不同的传输距离下实现 1
到 10GbE 的传输速率。
- OS2 类型的单模光纤还可用于 40G/100G 以太网传输。

- OM1、OM2、OM3、OM4、OM5 多模光纤的区别主要在模式带宽，
用于室内。其跳线可借助喷码区别多模光纤类型。如图 2.4.3 所示，可观
察到该光纤为 OM4 类别多模光纤。

选择正确的分类，注意区别传输距离和速率：
- OM1 最大传输距离为 1G 时 275 m，10G 时 33 m。
- OM2 最大传输距离为 1G 时 550 m，10G 时 82 m。

- OM3 最大传输距离为 1G 时 550 m,10G 时 300 m,40G 时 240 m。
- OM4、OM5 最大传输距离为 1G 时 550 m,10G 时 400 m,40G 时 350 m。

▲ 图 2.4.3　多模 OM4 喷码

想一想:

测试时跳线混用
会有什么影响?

(2) 根据跳线颜色确定光纤类型。

根据光纤跳线的颜色和芯径确定光纤类型,如图 2.4.4 所示。

- OM1 为橙色,芯径为 62.5 um。
- OM2 为橙色,芯径为 50 um。
- OM3 为水蓝色,芯径为 50 um。
- OM4 为水蓝色/紫罗兰色,芯径为 50 um。
- OM5 为草绿色,芯径为 50 um。
- OS1(或 OS1a)/OS2 为黄色,芯径为 9 um。

想一想:

G. 652D, G. 657
A,G. 657 B 有什
么区别?

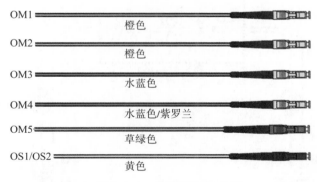

▲ 图 2.4.4　跳线颜色示意图

二、　选择测试方法并执行测试

1. 确定链路模型

光纤存在以下三种被测模型:

(1) 永久链路,两端都是连接器(耦合器)。

想一想:

机房验收时,光纤
链路一般属于哪
种被测模型?

（2）一端为连接器（耦合器），一端为连接头。

（3）通道链路（最简结构就是跳线直连），一般情况下其两端均为连接头。

2. 进行参考设置

基于三种被测模型，对应以下三种不同的跳线参考设置方法：

（1）一跳线法，针对光纤永久链路的被测链路，连接方式如图 2.4.5、图 2.4.6 所示。测试结果含两端的连接器。

想一想：

跳线参考设置时，多模和单模参考跳线超过多少损耗，表示需要更换测试跳线？

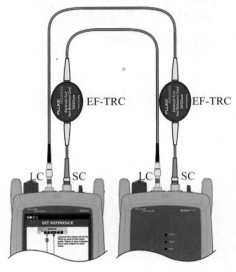

▲ 图 2.4.5 一跳线参考设置（多模）

想一想：

工程验收一般用几跳线法？

想一想：

光纤被测链路连接头和测试仪不一致，需要如何处理？

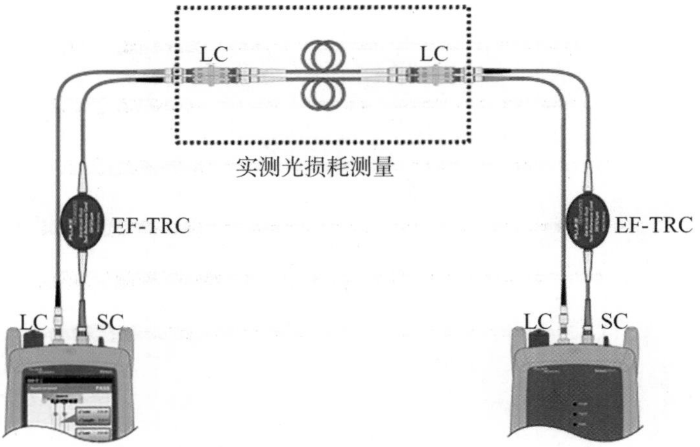

实测光损耗测量

▲ 图 2.4.6 一跳线法：接入被测链路

（2）二跳线法，针对一端为连接器（耦合器）、一端为连接头的被测链路，连接方式如图 2.4.7、图 2.4.8 所示。测试结果含一端的连接器。

议一议：

一跳线法和二跳线法的差别及应用场景有哪些？

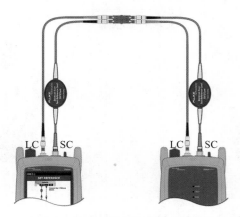

▲ 图 2.4.7　二跳线参考设置（多模）

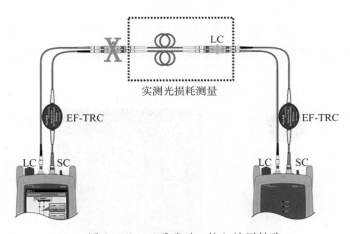

▲ 图 2.4.8　二跳线法：接入被测链路

（3）三跳线法，针对光纤通道链路的被测链路，连接方式如图 2.4.9、图 2.4.10 所示。测试结果不含两端的连接器（耦合器）。

提示：

测试标准中熔接点数量和连接器数量都是单芯中的数量。

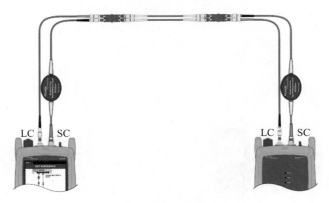

▲ 图 2.4.9　三跳线参考设置（多模）

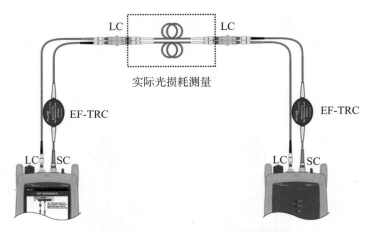

▲ 图 2.4.10　三跳线法：接入被测链路

想一想：

选择 5 米光纤作
为发射光纤有什
么影响？

　　OTDR 测试也分三种测试模型，对应以下三种不同的发射光纤补偿方法：

　　一是仅发射光纤补偿。如图 2.4.11 和图 2.4.12 所示，进行发射光纤补偿和接入被测链路，补偿设置完成后，测试时以灰色显示，代表该段补偿链路已经扣除。

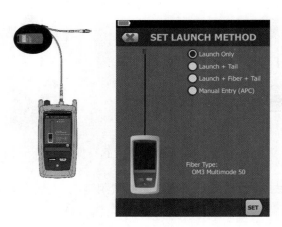

▲ 图 2.4.11　发射光纤补偿

议一议：

手动 OTDR 测试
时，距离和哪个值
配置相关？

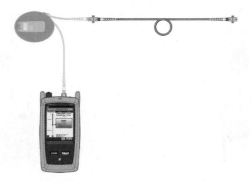

▲ 图 2.4.12　接入被测链路示意图

二是发射加接收光纤补偿。如图 2.4.13 和图 2.4.14 所示,进行发射、接收光纤补偿和接入被测链路。补偿设置完成后,测试时以灰色显示,代表该段发射和接收补偿光纤已经扣除。选择"双向 OTDR 均值测试"其结果比较准确可信。

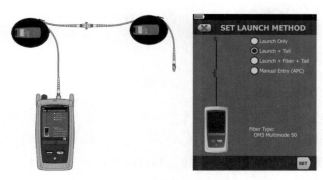

▲ 图 2.4.13 发射加接收光纤补偿

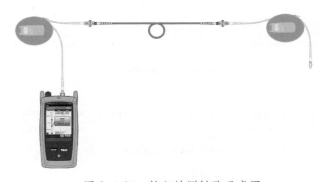

▲ 图 2.4.14 接入被测链路示意图

想一想:

何时需要同时使用 OTDR 发射加接收补偿?

注意:

选择损耗小的连接器做补偿设置。

三是双向环测光纤补偿。如图 2.4.15 和图 2.4.16 所示,进行发射、接收光纤补偿和接入被测链路。补偿设置完成后,测试时以灰色显示,代表发射和接收补偿光纤已经扣除。

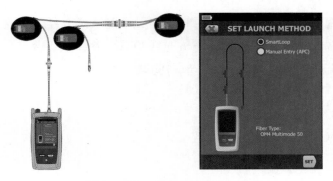

▲ 图 2.4.15 双向环测试光纤补偿

想一想:

OTDR 测试中,连接器处为什么会出现负损耗?

想一想：

为什么要对光纤进行双向 OTDR 测试?

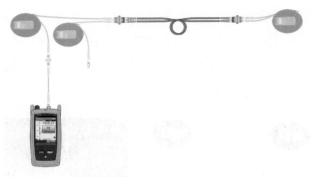

▲ 图 2.4.16　接入被测链路示意图

3. 确定链路测试标准

确定光纤测试标准,可以选择 ANSI/TIA - 568 或 ISO 11801 的相关标准,并根据设计点位信息,确认连接器和熔接点数量。如图 2.4.17(a)所示,连接器数量为 2,如存在中间跳接,则图 2.4.17(b)显示为 4 个连接器。熔接点数量也需要提前确认,特别是长途链路中有几处熔接。

提示：

如果链路中有 MPO-LC 转接盒,则视作一个连接头。

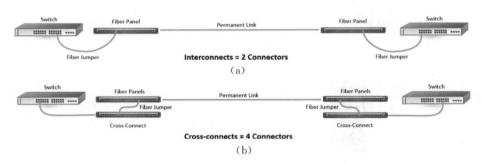

▲ 图 2.4.17　连接器数量

三、 相关设备和附件

测试时需要结合现场光纤情况,更换不同测试仪或模块进行测试。常见设备和适配器及数量,如图 2.4.18 所示。

（1）福禄克网络 CertiFiber Pro 光纤认证测试仪 1 台。

（2）福禄克网络 OptiFiber Pro 光纤 OTDR 测试仪 1 台。

（3）TRC(Test Reference Cords)测试参考跳线若干。

（4）OTDR 补偿光纤若干。

（5）0.3 m 测试短跳线若干。

（6）SC 适配器、LC 适配器若干。

提示：

现场测试时,一定要注意光纤端面的清洁。

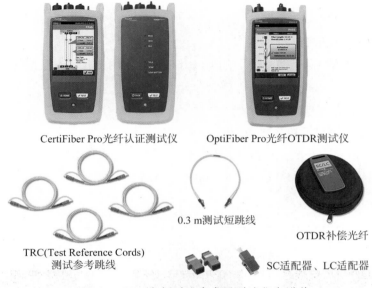

CertiFiber Pro光纤认证测试仪　　OptiFiber Pro光纤OTDR测试仪

0.3 m测试短跳线

OTDR补偿光纤

TRC(Test Reference Cords)
测试参考跳线

SC适配器、LC适配器

▲ 图 2.4.18　光纤测试中常用测试仪和附件

提示：

防尘盖属于易丢失物品，现场测试时需要妥善保管。

📃 活 动

在确定点位信息、测试方法、光纤类型和波长、链路模型、测试标准后，可以使用福禄克网络公司的 CertiFiber Pro 或 OptiFiber Pro 光纤测试仪进行测试。

活动一：使用测试仪选择光纤验收标准进行测试

注意事项

（1）如测试中仪器检测到光纤中有活动光，请立即断开光纤和测试仪的连接。

（2）如测试中被测链路端口或连接头有损坏，请勿强行与测试仪进行连接。

（3）如测试仪亏电，请充电后再使用。

（4）测试时需要按照训练活动的测试步骤逐步执行，对于生成的测试结果，及时存储报告，随时了解通过率百分比情况。

（5）测试中可能会遇到各种无法测试或测试数据异常的情形，需要重新连接被测链路，紧固连接器，清洁被测链路等操作后，再继续进行测试。

议一议：

光纤测试标准有哪些？

想一想：

参考级跳线和标准跳线对于测试有何影响？

操作要领

1. 测试仪准备

（1）选择福禄克网络公司的 CertiFiber Pro 测试仪，包括主机、远端和光纤附件。

（2）开机，预热 5 分钟。

2. 新建测试项目

（1）新建一个测试项目，按表 2.4.1 中①—⑫所示步骤，标准选择 OS2 TIA－568.3－D－1 Singlemode OSP（STD）。

▲ 表 2.4.1　新建测试项目步骤

想一想：

光纤类型选择对于测试结果有何影响？

续表

步骤⑩：选择连接器类型	步骤⑪：选中"使用所选的"	步骤⑫：完成光纤测试标准选择

3. 设置参考执行测试

（1）按照表2.4.2中①—⑥所示步骤，按图连接参考跳线，设置参照，并接入被测链路，进行测试。

▲ 表2.4.2　设置参考执行测试步骤

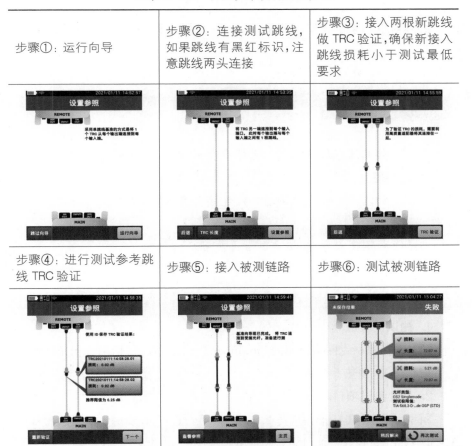

步骤①：运行向导	步骤②：连接测试跳线，如果跳线有黑红标识，注意跳线两头连接	步骤③：接入两根新跳线做TRC验证，确保新接入跳线损耗小于测试最低要求
步骤④：进行测试参考跳线TRC验证	步骤⑤：接入被测链路	步骤⑥：测试被测链路

想一想：

如果不运行向导进行基准设置，对结果有什么影响？

想一想：

收发光纤如何确定？

（2）测试完成后，按照表 2.4.3 中①—③所示步骤，设置名称，获得测试结果，存储报告，并查看测试结果。

提示：

连续测试时，可打开自动保存功能。

▲ 表 2.4.3　测试完成步骤

步骤①：设置名称，保存结果。如果收发方向命名反了，则点击互换名称按键	步骤②：查看失败测试结果（如有）	步骤③：查看成功测试结果（如有）
		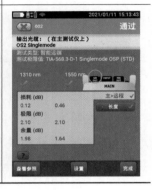

继续对下一条链路进行测试，直至整个系统所有光纤信息点测试完成。

活动二：　使用 OTDR 测试仪进行光纤测试

注意事项

（1）如测试中仪器检测到光纤中有活动光，请立即断开光纤和测试仪的连接。

（2）如测试中被测链路端口或连接头有损坏，请勿强行与测试仪进行连接。

（3）如测试仪亏电，请充电后再使用。

操作要领

1. 测试仪准备

（1）选择福禄克网络公司的 OptiFiber Pro 测试仪，包括主机和光纤附件。

（2）开机，预热 5 分钟。

2. 新建测试项目

提示：

发射数值越大越好。

新增一个测试标准，按表 2.4.4 中①—⑨所示步骤，标准选择 OS2 ANSI/TIA-568.3-D-1 RL＝35 dB。

▲ 表 2.4.4　使用 OTDR 新建测试项目步骤

想一想：

极限值 RL＝55dB
以上,测试通过说
明什么?

步骤①: 在主界面选择第二栏	步骤②: 选择"新测试"	步骤③: 进入配置界面
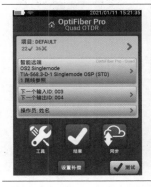		
步骤④: 选择测试类型: 自动 OTDR	步骤⑤: 选中光纤类型, 进入光纤类型列表	步骤⑥: 选择光纤类型,本任务中为"OS2 Singlemode"

步骤⑦: 选中测试极限值项	步骤⑧: 选择测试极限值	步骤⑨: 选中"使用所选的"

3. 设置补偿执行测试

（1）测试仪端口接入补偿光纤,按照表 2.4.5 中①—⑥所示步骤,设置完补偿后,接入被测链路,并进行测试。测试中为获得更精确的测试结果,可使用发射、接收补偿进行双向测试。

提示：

宏弯检测可打开
或关闭。

▲ 表 2.4.5　设置补偿执行测试步骤

步骤①：选择"设置补偿"	步骤②：设置"仅前导"	步骤③：设置补偿
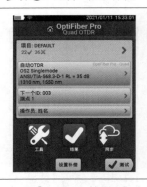	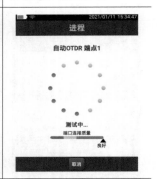	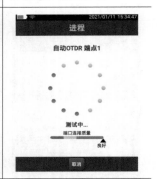
步骤④：设置补偿成功后，保存	步骤⑤：返回主界面，确认设置补偿提示已变灰色	步骤⑥：接入被测光纤，按下测试，得到测试结果

（2）测试完成后，按照表 2.4.6 中①—③所示步骤，设置名称，获得测试结果，存储报告，并查看测试结果。

▲ 表 2.4.6　测试完成步骤

步骤①：设置名称，保存结果	步骤②：保存完成（左上角确认名称已生效）	步骤③：查看结果，即 1310 nm 和 1550 nm 详情
	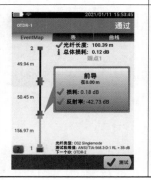	

想一想：

连接器的损耗判定门限是多少？

提示：

双向测试时，仪器端点需要设置端点 1 或端点 2，报告名称相同。

（3）当测试结果以相同名字命名时，测试仪会将一级测试报告和 OTDR 报告合并成二级测试报告。如图 2.4.19、图 2.4.20 所示合并后的 001、002 报告中，既包含了一级测试损耗报告，又包含了 OTDR 报告。

▲ 图 2.4.19 二级测试报告的生成 ▲ 图 2.4.20 二级测试报告的生成

（4）继续对下一条链路进行测试，直至整个系统所有光纤信息点测试完成。

活动三： 导出测试报告

注意事项

（1）确保测试仪处于平稳位置，不易摔落，再连接数据线，进行报告导出操作。

（2）如测试仪亏电，请充电后再使用。

操作要领

第一，在 PC 上下载并安装福禄克最新版本的 LinkWare PC 软件。

第二，打开测试仪并启动 PC 电脑上的 LinkWare PC 软件。

第三，使用随机附带的 USB 数据线将测试仪上的 Micro USB 端口连接到 PC 上的 A 型 USB 端口。（如图 2.4.21 所示）

第四，在 LinkWare PC 工具栏中单击 进行导入。也可以点击"红色箭头带 "的符号直接进行下载。随后选择一个产品从一台测试仪进行导入。

第五，在 LinkWare PC 中的导入对话框中，选择要导入的结果和保存的位置。

想一想：

如何生成 txt 文件报告？

提示：

如果一级测试和 OTDR 保存为同一名称，则为二级测试的报告。

第六,导入数据(如图 2.4.22),保存原始数据(.flw 格式),并生成 PDF
格式的报告。

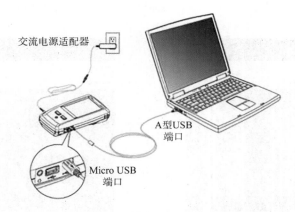

▲ 图 2.4.21　USB 数据线连接示意图

▲ 图 2.4.22　导入的测试数据

总结评价

依据世界技能大赛相关评分细则,本任务的评分标准详见表 2.4.7。
其中,M 类是指技术评价的客观分,总分为 10 分。

▲ 表 2.4.7　评分标准

评分 类型	评分指标	评价方法	分值	得分
M1	光纤测试方法	一级测试和二级测试选择正确	1	

续表

评分类型	评分指标	评价方法	分值	得分
M2	测试光纤类型和波长	对应不同光缆光纤被测对象，类型选择正确	2	
M3	链路测试极限值	选择 TIA 或 ISO11801 的相关极限值标准	2	
M4	测试极限值参数	适配器、熔接点数量配置正确	2	
M5	参考/补偿设置	完成测试仪参考设置或补偿光纤设置	1	
M6	存储 ID 集	按照要求设置 ID 集	1	
M7	报告保存	项目名称保存不合规扣 0.5 分；测试结果名称保存不合规扣 0.5 分	1	
		总分	10	

　　光缆测试结果是否满足了园区光缆项目验收标准要求呢？你是否掌握智能建筑和数据中心光缆测试国内、国际标准了呢？请参照世赛模块的评分标准对自己的光缆测试过程进行评分，分析自己在测试过程中出现的问题，精益求精，严格要求自己，并做好总结报告。

提示:

存储 ID 集可在电缆管理软件中配置，上传到测试仪。

📖 拓展学习

光纤室外测试注意事项

　　在进行光纤认证测试时，须注意结合具体的场景，正确使用测试设备，做好测试仪的保护和日常维护。

　　1. 室外测试环境的应对

　　（1）清洁光纤端面。由于光纤测试很多是室外场景，环境可能比较恶劣，而测试仪特别是光纤分析接口属于精密构造，测试时需要做好必要保护，防止粉尘、液体污染测试仪接口。

　　（2）光纤测试对温度敏感，在室外测试，当温度为零下 10 摄氏度以下时，测试结果会有很大偏差，需要对仪器进行保温处理。而在正常温度时，需要有 5 分钟开机的光器件预热。

　　2. 光纤清洁方式

　　清洁方式一般有两种：干式和湿式，如图 2.4.23 和图 2.4.24 所示，分

提示:

正常的保养建议半年做一次，包括电池、端口等。

别用于清洁颗粒尘埃污染和有机残留物。干式通常是通过清洁笔或无尘布,直接清洁光纤端面。湿式通常需要使用溶剂,如无水酒精或复合清洁剂(溶剂笔),将其滴于无尘纸上,依靠溶解方式,清除污染物,进行端面清洁。

想一想:

光纤端面反复清洁,端面损耗依然偏大,可能是什么原因?

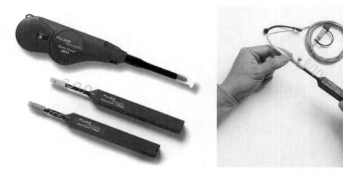

▲ 图 2.4.23 干式清洁

▲ 图 2.4.24 湿式清洁(溶剂滴于无尘纸上)

思考与训练

提示:

应用标准损耗和长度判定阈值是定值。

1. 如果网络已经投入使用,需要改造升级,判断当前光纤能否支持网络升级,请根据 40G 的应用标准分别进行一次单模和多模通道链路的测试,要求判断是否可以支持 40GBASE‐LR4,40GBASE‐SR4 传输。

2. 比对 TIA‐568‐3‐D 测试标准,参数判定有差异,为什么?

3. 技能训练:使用一跳线和两跳线法分别测试同一对光纤,比对结果差异。

4. 技能训练:选择 IEC61300‐3‐35 标准对光纤端面质量进行评估(需要使用光纤显微镜附件 FI‐1000)。

任务五 光纤故障分析

学习目标

- 能描述常用的光纤认证测试参数和定义；
- 能描述常用的光纤认证测试参数对应的故障原因；
- 能描述常用的 OTDR 事件问题对应的故障原因；
- 能独立进行光纤故障定位，并排除故障；
- 能按照仪器使用说明进行操作，避免违规操作，养成安全文明的工作习惯。

情景任务

在上一个任务中，完成了园区光缆认证测试，但发现部分新安装光缆认证失败，没有通过测试，还需要进行故障定位并整改。

你需要借助测试设备快速了解光纤链路的真实情况，分析故障原因，排除问题，使用光纤一级测试判断损耗大小。当链路测试未通过时，需要使用 OTDR 测试进行故障分析和定位，并汇总数据，完成报告。

思路与方法

议一议：

你经常遇到的光纤故障有哪些？

一、 常见的故障

1. 一级测试中的故障

一级测试中的故障主要包括：光纤本身损耗、连接器损耗、熔接点损耗等。

2. OTDR 测试中的故障

OTDR 测试中的故障主要包括：事件问题、光纤段问题（劣质或异质光纤等）、整个链路问题等。

二、 常见故障产生的原因和分析方式

1. 一级测试故障产生的原因和分析方式

提示:

一级测试是无法定位故障位置的。

一级测试故障产生的主要原因是损耗或长度不合格。损耗主要由光纤本身损耗、连接器总损耗、熔接点总损耗三部分组成。一级测试又称 OLTS (Optical Loss Test Set)测试(如图 2.5.1 所示),该测试通过判定光纤损耗是否小于测试标准,长度是否低于标准,来判断光纤是否合格,但该测试无法进行故障定位,也无法确定是否存在不合格的"事件"点。

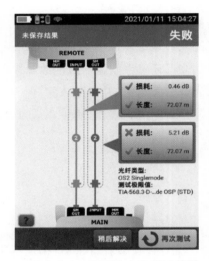

▲ 图 2.5.1　OLTS 方法测试结果

想一想:

链路中如果有 MPO-LC 连接器,损耗如何计算?

链路的损耗或衰减大小根据 ANSI/TIA 568 3-D 标准定义为以下公式:

光纤链路损耗(Link Attenuation)＝光纤本身损耗(Cable_Attn)＋连接器总损耗(Connector_Attn)＋熔接点总损耗(Splice_Attn)

其中:

(1) 光纤本身损耗(dB)＝衰减系数(dB/km)×长度(Km)。

(2) 连接器总损耗(dB)＝连接器数量×单个连接器损耗(dB),单个连接器允许的最大损耗为 0.75 dB。

(3) 熔接点总损耗(dB)＝熔接点数量×单个熔接点损耗,单个熔接点最大允许损耗为 0.3 dB。

示例:如一根长度为 200 m 的多模光纤,有两个连接器,工作波长为 850 nm,依据 ANSI/TIA-568-3-D 标准,光纤对应的每千米损耗为 3 dB,连接器的损耗为 0.75 dB,则此光纤的衰减合格判定阈值为 2.1 dB(3×0.2 ＋2×0.75＝2.1 dB)。

2. OTDR 测试分析故障产生的原因和分析方式

OTDR(Optical Time Domain Reflectometer)测试失败的故障原因主要是链路中存在各类事件和问题。大致可分为以下三类：

第一，事件型故障：损耗、弯曲、反射、幻像等。

第二，光纤段问题：段损耗、段损耗系数。

第三，整个链路问题：总链路长度、总链路损耗、总链路回波损耗。

（1）事件型故障产生的原因和分析方式。

一般借助事件通道图、事件表和曲线进行综合判断。（如图 2.5.2 所示）

想一想：

OTDR 对端有连接交换机可以测试吗？

提示：

虚线框表示两个连续的、距离相近的连接器。

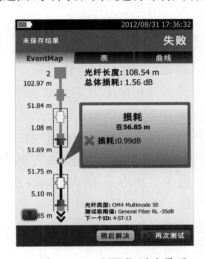

▲ 图 2.5.2　OTDR 测试界面

OTDR 测试事件并不等于发生故障，但它反映了光纤沿长度的变化情况，有助于了解整个光纤链路，辅助故障诊断。如图 2.5.3 所示，这是一个比较典型的 OTDR 光纤测试结果，曲线横坐标为长度，纵坐标为反射水平，数字注明处为各类不同的事件。基于各类事件和测试原理及其故障判定过程如下。

提示：

通道图提供的信息有限，还需要结合曲线图进行分析。

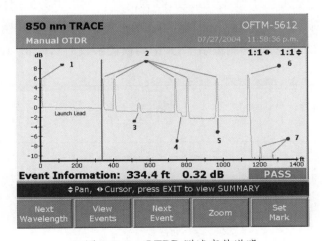

▲ 图 2.5.3　OTDR 测试事件说明

① 发射端口事件：表示该处为 OTDR 测试端口，即测试的起点。

② 反射事件：表示该处存在有光纤连接器。当遇到连接器时，会形成类似镜面一样的菲涅尔反射，能量较反向瑞利散射要高很多，在图形上会形成尖峰状脉冲，尖峰脉冲前后的落差就是该连接器的插入损耗大小。反射通常为负数，越接近 0 代表反射越大，是判别连接器质量的一个重要指标。具体的典型器件反射值，如表 2.5.1 所示。

▲ 表 2.5.1　典型器件反射值

器件	PC 连接器	UPC 连接器	APC 连接器
典型值	− 35 dB	− 45 dB	− 55 dB

③ 反射事件：表示该处存在机械熔接的情况。

④ 损耗事件：表示该处存在熔接、宏弯曲或光纤受到挤压变形。

⑤ 增益事件：表示光纤类型不匹配。由于光纤中采用了连接器连接，在连接前后的两端光纤反向散射系数可能不同，如 $50\,\mu m$ 和 $62.5\,\mu m$ 的光纤对接，由于光脉冲在连接点反射回来的散射反而要大于连接器前的，所以在图形上看好像光纤发射水平被抬高，出现了增益现象。如果出现这样的图形，需要进行双向测试。

⑥ 末端事件：被测链路的末端。

⑦ 幻像事件：脏的连接器截面、裂缝，造成光脉冲在连接器和发射接收端来回震荡。

（2）光纤段问题产生的原因和分析方式。

光纤段问题：测试随着距离的增加，信号会减弱。伴随着信号通过距离的增加，损耗也不断增加，所以 OTDR 的测试曲线会向下倾斜。光纤损耗为定义起始点和结束点之间的损耗落差值。

段长度，段损耗 dB 或损耗系数 dB/Km 等在测试中会运用标记的方式来测量分段距离上的损耗。将损耗除以长度，得到平均损耗系数（dB/Km），如图 2.5.4 所示的测量结果，其平均损耗系数为 0.3 dB/km。段损耗

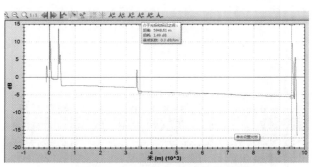

▲ 图 2.5.4　平均损耗系数测试值

判定一般基于波长而不同。

（3）整个链路问题测试产生的原因和分析方式。

① 总链路长度：原理和段长度测试相似，但测试的是整个链路，OTDR 通过来回反射的原理进行距离计算，在发送端测量发出光信号到接收到返回光信号之间的时间，计算出光纤距离。如超长，则判定不合格。

② 总链路损耗：整个光纤首末的 OTDR 曲线反射能量的对比情况。总损耗是否通过，视光纤测试标准而定。

③ 总链路回波损耗：整个光纤首末的 OTDR 曲线的反射能量的对比情况以及被测光纤整个长度的总逆向散射。

想一想：

事件拖尾严重代表什么？

三、 常见故障分析的步骤

分析光纤布线故障，首先查看光纤网络的系统结构，判断光纤链路的组成、光纤的类型、应用的场景，选择测试标准方法，再进行测试。测试前需要充分了解测试参数的定义、测试数据的解读方式、光纤故障的定位方法等。

想一想：

反向散射系数的作用是什么？

1. 确定测试模型

（1）光纤网络测试前，首先确定光纤类型，光纤是单模还是多模，单模属于哪一种级别，OS1 还是 OS2，多模属于哪一种级别，OM1、OM2、OM3、OM4、OM5 其中的哪一种？

（2）评估链路中有多少熔接点或耦合器，耦合器类型为 SC/LC/ST/FC 中的哪一种？

（3）是一级测试（OLTS 光损耗测试）、OTDR 光时域反射测试，还是二级测试？

（4）光纤链路组成，需要用哪一种参考值设置方式或补偿方式？

（5）光纤跳线端面成端方式，采用 PC/UPC/APC 中的哪一种？

2. 确定测试标准

根据实际部署光纤的情况，选择标准进行光纤诊断测试。不同标准，其分析参数不同。如选用 OS2 TIA-568.3-D-1 Singlemode OSP(STD) 标准进行 OLTS 光损耗测试，可以判定哪一芯光纤损耗不合格，但该标准不能确定长度是否符合光纤应用。但 10G BASE-SR 则可以判定长度是否符合。

又如选用 OS2 ANSI/TIA-568.3-D-1 RL=35 dB 标准进行 OTDR 光时域反射测试，作为光纤故障诊断分析依据，可以定位故障点。

看一看：

请肉眼观察一下 APC 和 UPC 的连接器端面并说明其差异。

活 动

在了解了测试参数、测试内容,确定了线缆类型、测试模式后,可以使用福禄克网络公司的 CertiFiber Pro 光纤认证测试仪或者 OptiFiber Pro 光纤故障分析仪测试,测试完成后对结果进行分析并修复故障。接下来,通过以下两个活动进行说明。

提示:

如果是数据机房的光纤,建议执行二级测试。

注意事项

（1）如测试中仪器检测到光纤中有活动光,请立即断开光纤和测试仪的连接。

（2）如测试中被测链路端口或连接头有损坏,请勿强行与测试仪进行连接。

（3）如测试仪亏电,请充电后再使用。

（4）测试中经常会遇到各种测试不通过的情形,故障原因可能是单一故障,也可能是复杂故障,有的故障可以定位,有的故障无法定位,须结合不通过的原因进行故障分析或定位。

（5）当光纤质量太差时,可能不满足 OTDR 测试最低端面要求,此时可运用红光测试或通断测试辅助进行故障排除和定位。

想一想:

一级测试中,福禄克测试设备如何实现长度测试?

活动一: 一级测试中的故障分析

操作要领

1. 确定故障分析标准

测试结果未通过时,查看错误原因。

（1）采用链路标准测试,测试内容为损耗。

损耗结果是光纤总损耗,当某芯光纤损耗不合格时,意味着该芯光纤不满足设计要求。

（2）采用应用标准测试,测试内容为损耗加长度。

损耗结果是光纤总损耗,当某芯光纤损耗不合格时,意味着该芯光纤不满足应用标准要求;当长度测试超标时,意味着该芯光纤超过应用标准规定的使用长度。

2. 损耗问题故障分析

查看损耗测试结果,判断故障类型。一般有损耗故障、断开故障、极性故障、长度故障等。

3. 记录损耗问题故障分析

按照表 2.5.2 格式,填写故障类型、故障定位和原因分析。

▲ 表 2.5.2　故障类型、故障定位和原因分析

故障类型	主要故障定位和原因分析(样例)
	OLTS 测试
损耗	A 芯链路损耗超标 B 芯链路损耗超标
损耗	A 芯链路损耗超标
损耗	B 芯链路损耗超标
断开	A 芯断路
极性	A、B 芯反接
长度	A、B 芯长度超标

4. 修复故障链路

如因损耗超标导致故障,建议使用 OTDR 测试进行故障定位。

如光纤断开,使用红光笔或 OTDR 进行断点定位,如发生在适配器,则检查适配器,重新插拔紧固或更换适配器;如发生在光纤链路中,则更换光纤或熔接光纤,排除故障。

如极性故障,对调 A、B 芯光纤,排除故障。

如长度超标,需要进行标记或备案,说明该链路不适用于当前应用标准。

活动二:　OTDR 测试中的故障及事件分析

操作要领

1. 确定故障类型

测试结果未通过时,查看错误原因。OTDR 测试时,获得故障位置和事件类型。如图 2.5.5 所示,在测得的 OTDR 通道结果图中,存在反射、弯曲、幻像干扰源等故障类型。

提示:

福禄克设备上有红光源,可用于快速判定极性。

提示:

幻像源和幻像是不同的事件。

提示:

通道图灰色部分
为发射补偿光纤。

▲ 图 2.5.5　OTDR 通道图结果

2. 故障及事件分析

查看不同的事件,如图 2.5.6 测试结果中所示,观察通道图、事件表和曲线图等,判断故障位置和原因。表 2.5.3 为通道图结果中各类事件说明,其中,红色代表存在故障的事件。

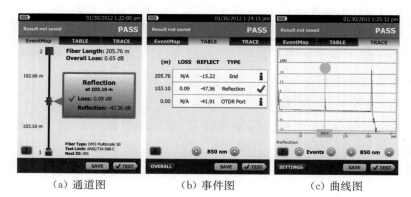

（a）通道图　　　　　（b）事件图　　　　　（c）曲线图

▲ 图 2.5.6　OTDR 测试结果

▲ 表 2.5.3　通道图事件说明

事件图例	事件说明
▬	通过的反射事件,对象连接器,小于 0.75 dB
✕	失败的反射事件,对象连接器,大于 0.75 dB
⊏⊐	隐藏反射事件,对象连续两个连接器

提示:

不同事件的判定
根据标准不同而
不同。

续表

事件图例	事件说明
●	通过的损耗事件,对象熔接点,大于 0.1 dB,小于 0.3 dB
✪	失败的损耗事件,对象熔接点,大于 0.3 dB
⬚	隐藏事件和前连接器总损耗
(	弯曲事件

3. 记录 OTDR 问题和故障分析

按照表 2.5.4 格式,填写故障类型、故障定位和原因分析。

▲ 表 2.5.4 故障类型、故障定位和原因分析

故障类型	主要故障定位和原因分析(样例)
	OTDR 测试
反射事件	距主机端 20 m 处,存在连接器,损耗为 0.95 dB,超标
反射事件	距主机端 50 m 处,存在连接器,反射为 −25.85 dB,超标
损耗事件	距主机端 58 m 处,熔接损耗过大或锐弯,损耗为 0.85 dB,超标
增益事件	距主机端 35 m 处,光纤孔径失配,由细变粗
幻像事件	距主机端 60 m 处,光耦合点存在端面问题
弯曲事件	距主机端 85 m 处,光纤存在影响损耗的钝弯

4. 修复故障链路

对于发射事件造成的损耗超标故障,可以清洁连接头端面,如故障仍未排除,可使用光纤放大镜查看光纤端面是否存在划痕和破损,如存在破损,则重新打磨或更换光纤连接头,或更换光纤。

对于发射事件造成的反射超标故障,可以清洁连接头端面,如故障仍未排除,可重新打磨或更换光纤连接头,或更换光纤。

对于损耗事件造成的损耗超标故障,可检查故障位置扎带松紧情况,是否存在锐弯,如为熔接点,则需要重新熔接光缆。

对于增益事件造成的故障,需要更换芯径和材质、等级一致的光纤(绝大多数业主不接受异质光纤链路)。

对于幻像事件造成的故障,可以清洁连接头端面。

对于弯曲事件造成的故障,可检查故障位置扎带松紧情况,是否存在锐弯,进行平整修复故障。

提示:

单个连接器损耗要求≤0.75 dB,单个熔接点损耗要求≤0.3 dB,总体链路损耗由光纤本身损耗＋连接器总损耗＋熔接点总损耗组成,视选择标准而定。OTDR 测试一般要求反射为:PC 连接器≤−35 dB;UPC 连接器≤−40 dB;APC 连接器≤−55 dB。

依据世界技能大赛相关评分细则,本任务的评分标准详见表 2.5.5。其中,M 类是指技术评价的客观分,总分为 10 分。

▲ 表 2.5.5 评分标准

评分类型	评分指标	评价方法	分值	得分
M1	链路参考值设置	参考值设置正确	1	
M2	测试极限值	选用极限值正确	1	
M3	故障分析	测试结果判定,故障原因分析正确,1分/链路	4	
M4	故障修复	修复并复测后链路可以通过,1分/链路	4	
		总分	10	

本次园区光缆故障分析是否解决了原有的光纤布线问题呢?是否掌握了应用各类国内、国际光纤测试标准进行分析诊断呢?请对照世赛模块的评分标准对自己的光纤故障诊断过程进行评分,分析自己在故障分析排除过程中出现的问题,精益求精,严格要求自己,并做好总结报告。

拓展学习

借助测试仪观察光纤的特性

在进行故障分析排除时,对于影响光纤布线的原因,可以多做比对实验。

1. 比对一: 不同波长下,损耗值的差异

如图 2.5.7 所示,人为弯折光纤,注意避免折断,可逐步减小弯曲半径,使用 OTDR 测试方式,获得 1310 nm 和 1550 nm 波长下的测试结果,改变弯曲半径,观察光纤弯曲处的损耗变化情况。

提示:

故障修复后需要复测,以确认没有产生新的问题。

提示:

无论任何时候,都不要尝试用肉眼直视光源输出口。

想一想:

1310 nm 和 1550 nm 波长下,弯曲处的损耗如何变化?请思考如何利用该测试现象进行弯曲的故障定位。

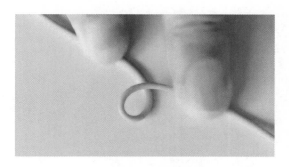

▲ 图 2.5.7　改变光纤弯曲半径示意图

2. 比对二：清洁光纤端面

如图 2.5.8 所示，人为破坏光纤端面的洁净度，通过测试仪测试，观察损耗情况，注意不要直接破坏连接测试仪端的跳线端面。

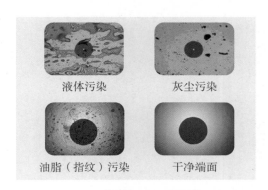

液体污染　　灰尘污染

油脂（指纹）污染　　干净端面

▲ 图 2.5.8　光纤端面示意图

使用清洁棒或使用无水酒精蘸无尘布进行端面清洁，通过端面检测工具测试、观察损耗情况。

思考与训练

1. 选用 TIA 组织的标准和 IEEE 的标准光损耗通过阈值有什么区别？为什么？

2. 使用一级双向测试法测试一组光纤，观察测试结果，看一看 850 nm 和 1 300 nm 值相差多少。

3. 使用 OTDR 测试仪，正向和反向测试同一芯光纤链路，观察各个事件有哪些差异。

4. 技能训练：请思考为什么光纤项目验收中一般采用一级测试或二级测试，而不是采用 OTDR 测试作为验收依据。

模块三
住宅信息网络组建

　　住宅信息网络组建是指在家庭住宅中采用高质量的标准材料和设备,以模块化的组合方式,把语音、数据、图像的传输媒介进行综合,通过统一规划设计,实现在一套标准的布线系统中,为用户提供计算机数据通信服务、数字语音服务及有线电视服务。

　　本模块中,通过组建一个家庭的信息网络,完成住宅信息网络布线和住宅信息网络组网两个典型任务,融合世赛技能标准和规范,掌握住宅信息网络各类线缆穿放、端接、信息点安装、配线架安装、住宅信息网络设备安装和配置等职业技能与知识。(如图 3.0.1 所示)

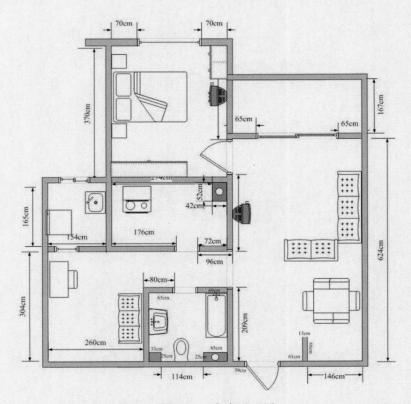

▲ 图 3.0.1　住宅平面图

任务一　住宅信息网络布线

学习目标

- 能正确识别和使用皮线光缆及有线电视射频线缆；
- 能够正确选择合适的线缆进行线缆穿放；
- 能使用穿线器、钢丝等工具完成线缆的穿放，并做好线缆标记操作；
- 能使用 110 打线刀、压线钳、凯夫拉剪刀、米勒钳等工具完成各类用户信息点及住宅信息箱内数据配线架的安装；
- 养成在施工过程中佩戴个人防护具、牢记安全操作规程、线缆穿放规范、标识清晰整齐、强弱电分离的良好施工操作习惯；培育和弘扬节能环保、安装质量高、精益求精的工匠精神。

情景任务

某住宅小区有新业主入住，该住宅正在进行信息网络布线工程，该工程已完成了前期设计和管路敷设工作，作为一名信息网络布线工程专业技术人员，你将去完成该住宅小区各房间到住宅信息箱的双绞线、光缆、有线电视线缆穿放、端接、信息点安装，以及住宅信息箱的线缆接续、配线架端接和安装的任务，使用户能够获得相应的网络服务。

本任务将在实训模拟墙上完成操作，各类信息点安装在 TO-2 区域，蓝色区域安装住宅信息箱，两个区域之间已铺设暗管，各信息点都安装了底盒。(如图 3.1.1 所示)

想一想：

各类信息点一般安装在房间的什么位置？

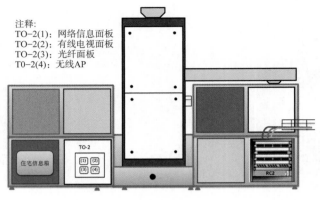

注释:
TO-2(1): 网络信息面板
TO-2(2): 有线电视面板
TO-2(3): 光纤面板
TO-2(4): 无线AP

▲ 图 3.1.1　模拟墙信息点安装图

思路与方法

一、住宅信息网络的结构

想一想:

星形拓扑组网在住宅信息网络布线应用中的优点有哪些?

　　一般住宅的信息网络拓扑结构采用星形拓扑结构(如图 3.1.2 所示),主要由住宅信息箱、信号线缆、信号接口组成。如果将信息网络布线系统比作神经系统,那么住宅信息箱就是大脑,信号线缆和信号端口就是神经和神经末梢。全部的信息通过信号端口接入、线缆传输汇聚到住宅信息箱进行信号处理和信号输入输出控制。

想一想:

你家的网络拓扑结构是怎样的?

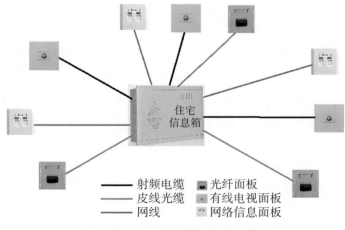

射频电缆　　光纤面板
皮线光缆　　有线电视面板
网线　　　　网络信息面板

▲ 图 3.1.2　住宅信息网络拓扑图

　　不同类型信息点使用的线缆是不一样的。一般网络信息点使用超五类或六类非屏蔽双绞线,光纤信息点使用皮线光缆,有线电视信息点使用

SYWV75－5同轴射频电缆。

二、什么是线缆穿引技术

线缆穿引技术是指用一条引线将线缆从墙壁管路、地板管路及槽道或桥架及线槽的一端牵引到另一端。在线管中穿放线缆，就需要使用到线缆穿引技术。

在穿放线缆时，一般可用穿线器或直径1—1.6 mm的钢丝作为引线，穿线器的长度有多种规格，一般选用的长度要大于管道的长度。

查一查：

在穿线过程中，需要怎么做才能使施工更方便？

三、什么是光纤冷接子

光纤冷接子又称光纤快速连接器，是实现光纤快速端接的重要器件，其内部由经过预抛光的插针和机械接头组成，在进行端接时不需要使用光纤熔接机，也不需要进行研磨，通过简单的连接工具就可以实现光纤链路的对接。

光纤冷接子可适应多种布线环境，无需其他形式的保护，且对光信号的损耗极低，是实现FTTH光纤布线的重要保证。

查一查：

光纤冷接子主要的应用场景有哪些？

四、住宅信息网络布线工程施工材料

通常住宅信息网络布线施工材料有各类线缆及与线缆相匹配的布线材料（如表3.1.1、表3.1.2、表3.1.3所示）。按设计要求，住宅信息网络布线的线缆可选择铜缆和光缆，有线电视使用SYWV75－5同轴射频电缆，铜缆选择超五类或六类非屏蔽双绞线，光缆选择单芯或多芯皮线光缆。

▲ 表3.1.1　双绞线及其布线材料

材料名称	图例	材料名称	图例
超五类非屏蔽双绞线		RJ45水晶头（连接器）	
信息模块		RJ45网络配线架	
面板			

▲ 表 3.1.2　皮线光缆及其布线材料

材料名称	图例	材料名称	图例
单芯、多芯皮线光缆		光纤冷接子	
光纤面板		光纤配线架	

讨论：

所选材料能否满足任务要求？

▲ 表 3.1.3　有线电视线缆及其布线材料

材料名称	图例	材料名称	图例
SYWV75－5同轴射频电缆		有线电视终端面板（F型）	
有线电视分配器			

五、 住宅信息网络布线常用工具和耗材

住宅信息网络布线常用工具及耗材如表 3.1.4 所示。

▲ 表 3.1.4　住宅信息网络布线常用工具及耗材

查一查：

各类工具的正确使用方法。

工具名称	图例	工具名称	图例
光纤切割刀		米勒钳	
凯夫拉剪刀		皮线剥线器	
螺丝刀		110 打线刀	
斜口钳		尖嘴钳	
压线钳		剥线钳	

续表

工具名称	图例	工具名称	图例
穿线器		扎带	
电工胶带		记号笔	
标签纸			

提示：

使用标签纸时，标签纸不宜过大，可用斜口钳修剪至合适大小。

活动一：　线缆在管路中的穿放

操作要领

1. 施工前准备

（1）如图 3.1.1 所示，了解信息点分布及住宅信息箱位置，确定信息点位置、信息点类型、线缆类型，并将点位信息填入表 3.1.5。

▲ 表 3.1.5　点位信息统计表

信息点位置	信息点类型	线缆类型
TO‑2(1)	网络信息点	超五类非屏蔽双绞线

提示：

施工前一定要确保点位信息准确。

（2）确认 TO‑2(1)点位信息后，准备施工工具（穿线器、电工胶带和斜口钳等）和超五类非屏蔽双绞线线缆，准备穿放从 TO‑2(1)到住宅信息箱的超五类非屏蔽双绞线线缆。

（3）个人安全防护。施工开始前，需穿戴个人防护具（电工服、电工鞋、防护手套、护目镜），牢记以下注意事项，安全操作工具和设备。

（1）施工期间，为了避免危险和物品损伤，不得佩戴任何饰品（项链、戒指、手表、耳环）。

（2）一定要穿有防护的坚固的电工鞋。

（3）在操作光纤或使用任何手持电动工具或有碎片伤害眼睛风险的操作时，必须佩戴护目镜。

（4）光缆开断施工和使用锋利工具时，必须使用手套，不要将刀具的锋利端朝向手或身体部位的方向。

（5）禁止在设备接线过程中带电操作。

（6）安全用梯，人字梯必须撑开到位才能使用。

2. 引线穿放

（1）如图 3.1.3 所示，在 TO‑2(1)信息点底盒中，找到通往住宅信息箱的管路入口。

提示：

黑色暗管为 25 mm 波纹软管。

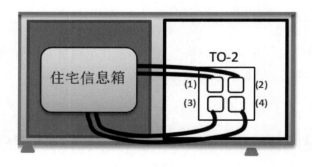

▲ 图 3.1.3　模拟墙管路图

（2）预估从 TO‑2(1)信息点底盒到住宅信息箱的管路长度，选择合适长度的穿线器。

想一想：

穿线器的长度是如何确定的？

该穿线器长度应贯穿从信息点底盒到住宅信息箱的整个管路，并在管路两端留有足够的操作余长。一般来说，穿出端保证有 200—300 mm 长度便于捆扎线缆，穿入端保证有足够的长度便于穿放线操作。

（3）在 TO－2(1)信息点底盒中,往住宅信息箱方向的管路中穿入一根穿线器作为引线,当穿线器穿出住宅信息箱管路出口 200—300 mm 时,停止放线,完成引线穿放。（如图 3.1.4、图 3.1.5 所示）

 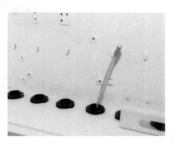

▲ 图 3.1.4　信息点穿线器穿入图　　　▲图 3.1.5　信息箱穿线器穿出图

想一想:

从信息点穿入引线,这样做的优势在哪里? 为什么?

3. 线缆放线及带线绑扎

（1）如图 3.1.6 所示,在住宅信息箱处,用电工胶带将超五类非屏蔽双绞线线缆包扎在穿线器的顶部。

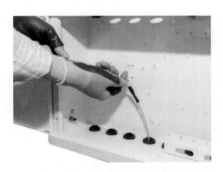

▲ 图 3.1.6　线缆和穿线器绑扎在一起

提示:

穿线器顶部一定要包裹在电工胶带内。

注意事项

（1）线缆与穿线器顶部包扎的长度一般在 3—5 cm。

（2）包扎线缆时,电工胶带之间不应有空隙。

（3）包扎后的线缆和穿线器直径不宜过大。

（2）如图 3.1.7 所示,在 TO－2(1)信息点处,用双手慢慢通过穿线器将线缆抽出。

想一想：

在真实施工环境中，由于信息点离住宅信息箱的距离比较远，放线该如何操作？

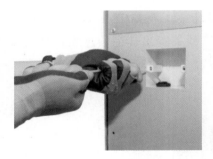

▲ 图 3.1.7　信息点拉线图

注意事项

不能用蛮力，以防损坏绝缘层或拉断线芯。

（3）当穿放线完成后，需保证线缆两端都预留足够的冗余长度。

注意事项

一般住宅信息箱端的线缆冗余长度为信息箱周长的一半，各信息点底盒处线缆冗余长度为 200—300 mm。

（4）在 TO‐2(1)信息点处，将绑扎的线缆头拆开，除去电工胶带，取出穿线器。

4. 捆扎标识

（1）如图 3.1.8 所示，在线缆的底盒出线口处捆扎标签扎带，用记号笔在标签扎带上标记线缆标识 UTP1（格式为：线缆编号）。

想一想：

如果信息点内有多根线缆，如何区分和标记最合适？

▲ 图 3.1.8　TO‐2(1)信息点放线完成图

（2）将线缆进行盘圈处理后放入底盒。

（3）在住宅信息箱处，保证预留足够的冗余长度后，用斜口钳将多余的线缆剪断，在线缆出线口处捆扎标签扎带并用记号笔在标签扎带上标记线缆标识 UTP1。

（4）将线缆进行盘圈处理后放入住宅信息箱内。

5. 完成其他线缆穿放。

（1）请按上述布线方法在 TO-2(2)与住宅信息箱之间的管路中穿放一根 SYWV75-5 同轴射频电缆，并在扎带标签上标记线缆名为 TV1。（如图 3.1.9 所示）

▲ 图 3.1.9　TO-2(2)有线电视信息点穿放线完成图

（2）请按上述布线方法在 TO-2(3)与住宅信息箱之间的管路中穿放一根皮线光缆，并在扎带标签上标记线缆名为 FO1。（如图 3.1.10 所示）

▲ 图 3.1.10　TO-2(3)光纤信息点放线完成图

查一查:

皮线光缆的拉伸
强度和弯曲半径
是多少?

注意事项

(1)在皮线光缆放线过程中,应注意光缆的拉伸强度、弯曲半径,避免线缆被缠绕、扭转、损伤和折断。

(2)一般皮线光缆的冗余长度为 500—800 mm。

(3)请按上述布线方法在 TO-2(4)与住宅信息箱之间的管路中穿放一根超五类双绞线线缆,并在扎带标签上标记线缆名为 AP1。(如图 3.1.11 所示)

▲ 图 3.1.11 TO-2(4)无线 AP 放线完成图

(4)如图 3.1.12 所示,将所有线缆进行盘圈处理后,用魔术贴分类绑扎后放入住宅信息箱内。

想一想:

是否可通过在单
根管路内安放多
根线缆来减少敷
设管路以达到节
约成本的目的?

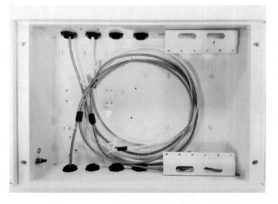

▲ 图 3.1.12 住宅信息箱放线完成图

（1）住宅信息箱里线缆众多，很容易散开交叉，因此线缆需用魔术贴分类绑扎。

（2）一般将相同种类并且端接在同一配架上的线缆绑扎在一起。

活动二：　铜缆布线系统安装

操作要领

1. 信息模块及面板安装

（1）当超五类非屏蔽双绞线穿放到位后，在 TO-2(1)处用 110 打线刀等工具端接信息模块。

（2）在靠近信息模块端的线缆上捆扎标签扎带（如图 3.1.13 所示），用记号笔在标签扎带上标记端口标签，标签内容为(1/Cat5e-1)。

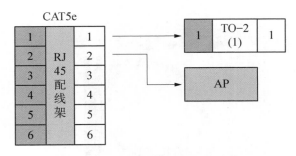

▲ 图 3.1.13　网络配线架线路连接图

（3）如图 3.1.14 所示，将信息模块插入面板插口中，将冗余线缆盘入底盒。

（4）合上面板，紧固面板螺钉，盖上面板，粘贴面板标签，用记号笔标识面板标签为 TO-2(1)。

▲ 图 3.1.14　网络信息插座安装及面板标识

想一想:

T568B 标准是什么?

2. 无线 AP 线缆制作

（1）在 TO‑2(4)的超五类非屏蔽双绞线上，按照 T568B 的标准用压线钳压接水晶头。

（2）根据网络配线架线路连接图（如图 3.1.13 所示），制作端口标签（AP/Cat5e‑2）。

3. 住宅信息箱内网络配线架安装及线路安装

（1）在住宅信息箱内，根据网络配线架线路连接图（如图 3.1.13 所示），用 110 打线刀等工具将 UTP1 线缆端接在 RJ45 网络配线架的 1 号口，并在靠近配线架的线缆上制作端口标签 1/TO‑2(1)。

（2）将无线 AP 线缆端接在 RJ45 网络配线架的 2 号口上，并在靠近配线架的线缆上制作端口标签 2/AP。

（3）将线缆盘圈整理后放入住宅信息箱内。

（4）用螺丝刀固定配线架，贴上设备标签，用记号笔标记设备名称（例如 Cat‑5e），完成整个铜缆布线系统的安装。（如图 3.1.15 所示）

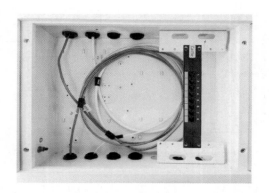

▲ 图 3.1.15　铜缆布线系统安装完成

活动三　光纤布线系统安装

操作要领

1. 光纤面板安装

首先，将 TO‑2(3)底盒里的皮线光缆穿过光纤面板底座，然后用螺丝刀将光纤面板底座安装于预埋的 86 型底盒上，最后再处理光纤冷接子。

查一查:

在光纤面板中，预留光纤长度应该为多少?

2. 冷接子的制作

冷接子的制作方法如表3.1.6所示。

▲ 表3.1.6　冷接子的制作方法

序号	操作步骤	操作图示
1	将 TO - 2(3) 底盒中冷接子的尾帽取出,套入光缆	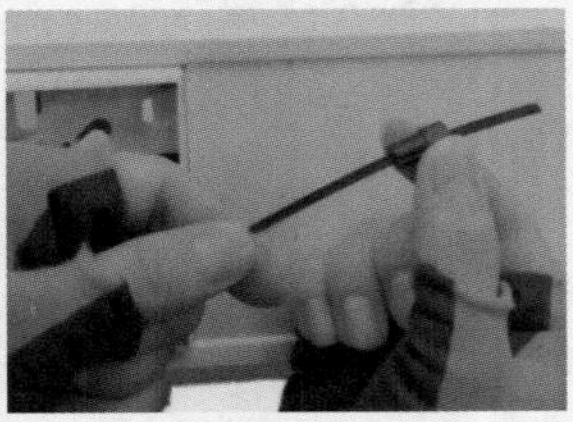
2	用光缆剥线器剥去光缆外皮,留涂覆层长度 50 mm	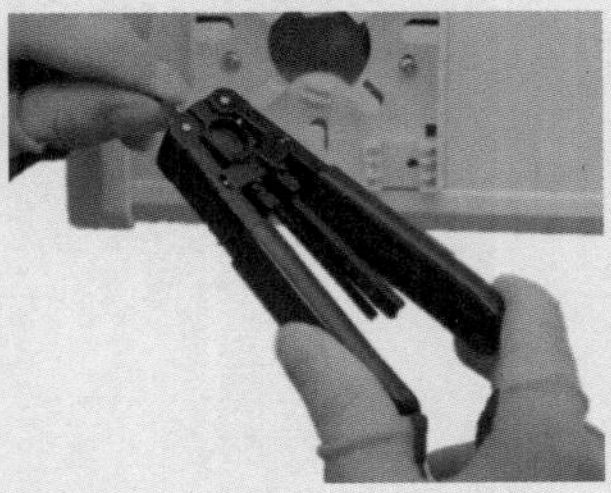
3	将光缆放入定长器中,用米勒钳剥去定长器外的光纤涂覆层	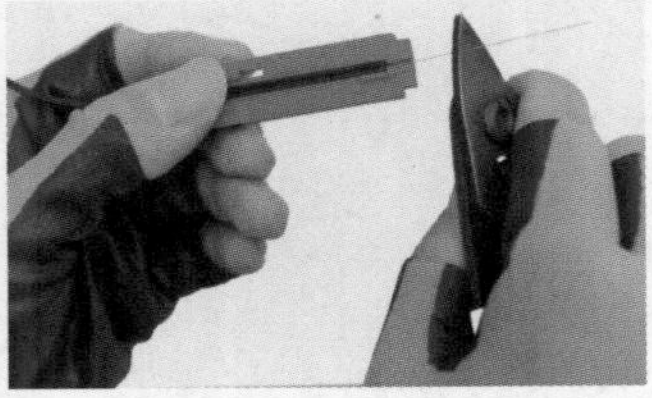
4	用吸附酒精的无尘纸清除光纤杂质	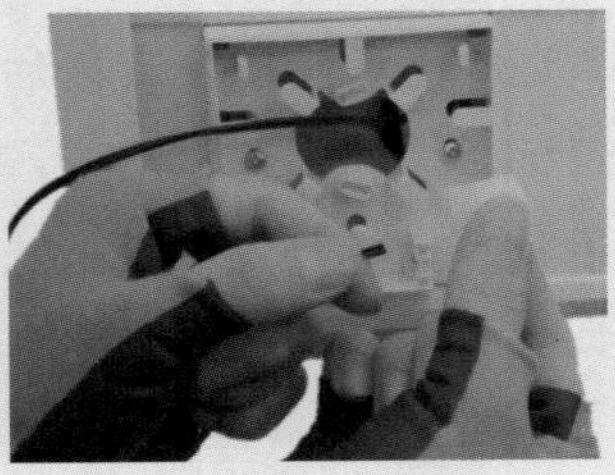
5	将定长器放置于切割刀上,切割光纤,预留 10 mm 裸光纤	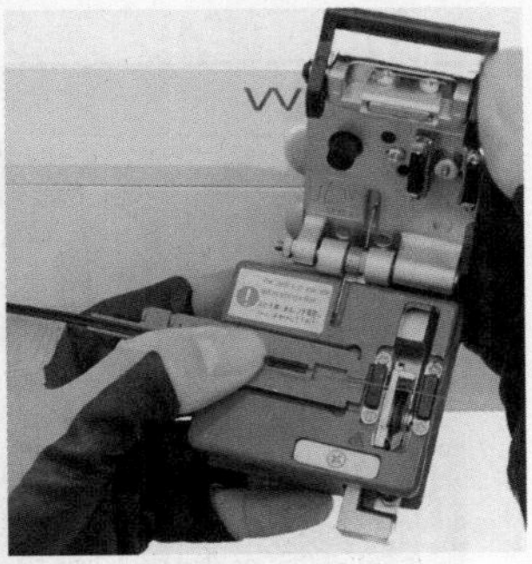

提示:

冷接子尾帽一定要在光纤开剥前套入光缆。

提示:

在清理光纤的过程中,需清理光纤3次,每次清理时旋转 120 度清理一次,然后再旋转360 度全面清理。

续表

序号	操作步骤	操作图示
6	将光纤从连接器尾部穿入，使光纤产生弯曲	
7	最后合上连接器尾部，夹紧光纤外护套，并拧上尾帽，上移开关套扣至顶端，闭锁夹紧裸光纤	
8	套上蓝色保护套，光纤冷接子制作完成	

3. 冷接子安装及标识

（1）当冷接子制作完成以后，需要取下防尘帽，接入法兰，并将法兰安装于光纤面板中，再用黑色记号笔在法兰端口上标记端口号（此处为1号端口），在冷接子上标记需插接的法兰端口号（此处需插接1号法兰端口）。

（2）合上光纤面板，在设备上粘贴标签纸，并用记号笔标记设备名为FTO。（如图3.1.16所示）

▲ 图 3.1.16　光纤面板安装及面板标识

想一想：

为什么要标记端口号？

提示：

光纤接入法兰前，需用清洁笔将法兰和光纤接口清理一下。

4. 住宅信息箱内光缆配线架安装及线路安装

（1）在皮线光缆上制作冷接子。

（2）用清洁笔清洁冷接子和法兰，将冷接子插入光纤配线架1号端口，在冷接子上标记插接的端口号1。

（3）将光纤盘圈整理，放入住宅信息箱。

（4）用螺丝刀固定光纤配线架，粘贴设备标签，并用记号笔标识设备为ODF，完成整个光纤布线系统的安装。（如图3.1.17所示）

提示：

各类线缆必须分类用魔术贴捆扎整理。

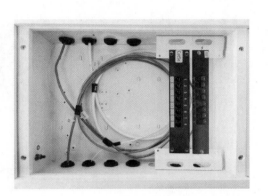

▲ 图3.1.17　光纤布线系统安装完成

活动四　有线电视布线系统安装

操作要领

1. 有线电视连接器制作

在TO-2(2)信息点上安装有线电视面板，一般线缆通过F型连接器与有线电视面板连接。首先，需制作F型连接器，其制作方法如表3.1.7所示。

查一查：

F型连接器的制作要点有哪些？

▲ 表3.1.7　F型连接器的制作

序号	操作步骤	操作图示
1	把金属接头的稳固环先套到同轴电缆上，把电缆外层绝缘层、屏蔽网及铝箔剥除（不短于2 cm），并把包在中心铜芯外的泡塑绝缘层去除（保留0.5 cm左右）	

续表

序号	操作步骤	操作图示
2	将泡塑绝缘层及中心铜芯一同穿过金属接头中间的圆孔,让金属接头压入线缆屏蔽丝网与铜芯泡塑绝缘层间的间隙,注意要用力压到头	
3	把线上的稳固环移到 F 型接头尾部,用钳子压紧,并保证中心铜芯不与接头接触,以免短路	
4	将中心铜芯修剪到合适的长度,就完成了有线电视 F 型连接器的制作	

提示:

绝缘层不宜超出圆孔顶端,应与圆孔顶端齐平。

查一查:

安装有线电视面板的要点有哪些?

2. 有线电视面板安装及标识

（1）将制作好的有线电视线缆拧入有线电视面板背面插座。（如图3.1.18 所示）

电视

▲ 图 3.1.18　有线电视面板安装

（2）将冗余线缆盘入接线盒中，再用螺丝刀固定面板，完成有线电视面板的安装，并在面板左上角粘贴好标签 TV。到此，就完成了有线电视面板的安装。（如图 3.1.19 所示）

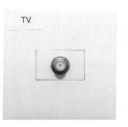

▲ 图 3.1.19　有线电视线路安装及面板标识

3. 住宅信息箱内分配器安装及线路安装

（1）在有线电视线缆上制作 F 型连接器。

（2）将制作完成的线缆拧入有线电视分配器输出端（OUT）的 F 型插座中，完成与分配器的连接。（如图 3.1.21 所示）

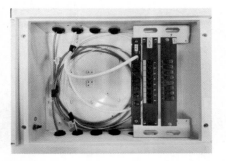

▲ 图 3.1.20　有线电视分配器接口示意图　▲ 图 3.1.21　有线电视布线系统安装完成

注意事项

　　有线电视信号分配器的作用是将有线电视信号分配到各个房间，分配器接口为 F 型插座。

总结评价

　　依据世界技能大赛相关评分细则，本任务的评分标准详见表 3.1.8。

其中，M 类是指技术评价的客观分，J 类是指过程、结果评价的主观分，总分为 10 分。

▲ 表 3.1.8　评分标准

评分类型	评分指标	评价标准	分值	得分
M1	测试结果	能通过随工测试/信道测试	4	
M2	工艺质量	剥线或打线不当，导致线芯受损伤	1	
		压接不到位或器件变形/损坏导致与连接器间接触不良	0.5	
		端接牢固，压接到位	1	
		长度/预留符合设计要求（预留 20—30 cm）	0.5	
		标志齐全、规范填写，粘贴位置正确	0.5	
		排线整齐无串绕	0.5	
J1	整顿素质	在实训开始之前，能充分准备好实训材料、工具；在实训过程中，能时刻保持工作区域的整齐、整洁；在实训完成时，能保持工具归位，剩余材料整理到位	1	
J2	安全文明	能在实训全程按照要求穿电工服、电工鞋，且在端接过程中佩戴护目镜、防护手套，不出现安全违规操作	1	
		总分	10	

提示：

在实际操作过程中，需特别注意评价标准中的评分要点。

想一想：

你在这个任务中学习到了哪些技能？

请你对照住宅信息网络布线任务的评分标准，对自己的布线任务进行评分。结合教师的评价分析自己在布线过程中出现的问题，精益求精，严格要求自己，并做好总结报告。

拓展学习

智能住宅布线系统的多样性

普通家庭网络布线要求解决布线方便和实现即插即用两大基本问题，而智能住宅布线包含以下多种应用类型。

第 1 类，CCCB——Command Control and Communications for Buildings，是控制系统的布线，用以完成对住户生活环境的控制，其应用如

消防报警、CCTV、出入口管理、空调自控、照明控制、水/电/煤气三表自动抄送等,这些应用提供了定时、准确、有效、方便的自动化环境的服务。这类布线通常由双绞线及同轴电缆共同构成,拓扑结构可以采用星形、总线形或菊花链形的一种或几种形式的混合。

第 2 类,ICT——Information and Communications Technology,是信息系统的布线,也是提供信息服务的平台,可进行信息的管理,其应用如电话、传真、电脑网络、Internet、电子邮件、视频会议、家庭办公(Home Office)以及所有的在电话/电脑网络上附加的越来越多的服务,这些服务要求及时方便。

第 3 类,HE——Home Entertainment and Multimedia,是家庭娱乐和多媒体的布线,其应用如有线电视、卫星电视、家庭影院、交互式视频点播,以及有线电视网络所能提供的所有的功能。此类应用的主要传输媒体一般是同轴电缆,采用树形配置。但目前也有部分应用利用计算机网络作为传输媒体,用户通过在家中的电视机上加装机顶盒,就可以完成信号的接收和转换。

智能住宅布线系统的特性还表现在它的传输方式的多样性,不同的传输介质都可以找到其应用场合,包括同轴电缆、双绞线、光纤等有线方式,以及红外遥控、射频、电力线载波这三种常见的无线信号传输方式。有线方式具有安全性高、容量大、速率高等方面的优势,而无线遥控器式的控制方式则最适合于家庭。

议一议:

你曾经接触过哪些类型的布线?

思考与训练

1. 住宅信息网络的拓扑结构是什么?
2. 在线缆管道穿放线过程中,需要注意哪些方面?
3. 技能训练:尝试在同一管道中,同时穿放超五类非屏蔽双绞线和有线电视同轴射频的电缆,将两种线缆端接到多功能面板的相应模块上,并尝试一下选择不同的测试标准(TIA/GB/ISO/IEC/IEEE 等)对住宅双绞线和同轴电缆的布线质量进行检测验收。

查一查:

随着住宅 PoE 设备的普及,查阅资料了解 MTPL 链路的测试方法与永久链路的测试方法之间的区别。

任务二　住宅信息网络组网

学习目标

查一查:

了解 AC 与 AP 的
区别和构成。

- 能够根据项目要求,完成宽带路由器安装和配置;
- 能够根据项目要求,完成 AC 控制器的安装与配置;
- 能使用螺丝刀等工具安装 AP,并启用 FIT 模式;
- 能够根据项目要求,使用 AC 控制器完成 AP 的配置;
- 养成在施工过程中佩戴个人防护具、牢记安全操作规程、安装设备水平牢固、标识清晰规范、按说明书正确配置设备的良好施工操作习惯;培育和弘扬节能环保、安装质量高、工艺美观的工匠精神。

情景任务

想一想:

你平时在家中是
如何上网的? 信
号沿着线路又是
如何外连的?

在上一个任务中,你已完成了住宅信息网络布线任务。在本任务中,你需要完成该住宅的信息网络组网任务。

该无线网络工程已完成了前期设计和管路敷设、线缆穿放的工作。作为一名信息网络组网工程专业技术人员,你需要对该项目的网络设备进行安装和配置,组建一个有线局域网并创建一个 SSID(Specific Service Set Identifier,无线热点名称)为 HomeWIFI 的无线局域网,为用户提供有线和无线两种方式的共享上网服务。

本任务将在实训模拟墙上完成操作,前期布线工作已完成,网络信息点已安装在 TO-2(1),AP 设备需安装在 TO-2(4),其他组网设备安装于蓝色区域的住宅信息箱内。(如图 3.2.1 所示)

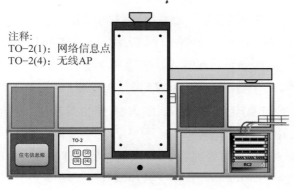

注释:
TO-2(1): 网络信息点
TO-2(4): 无线AP

▲ 图 3.2.1　模拟墙网络设备安装图

一、住宅信息网络的组网方式

住宅网络的组网方式一般包括有线组网和无线组网。

有线组网是指利用通信电缆和通信设备将计算机设备互联起来,构成可以互相通信访问和实现资源共享的局域网网络(LAN,Local Area Network),其一般传输媒介主要依赖于铜缆和光缆。

无线组网是指用无线通信技术将终端设备互联起来,构成可以互相通信访问和实现资源共享的无线局域网网络(WLAN,Wireless Local Area Network),其无线信号一般工作于 2.4 GHz 或 5 GHz 频段。

二、住宅信息网络常用设备

(1) 网络交换机是一种电(光)信号转发的网络设备,能实现设备与设备之间的数据交换,达到互相访问功能。

(2) PoE 交换机是支持以太网供电的交换机,不但可以实现普通交换机的数据传输功能,还能同时对网络终端(如无线 AP,网络摄像机)进行供电。

(3) 宽带路由器是连接住宅网络和因特网的一种设备,在网络之间起网关的作用。它支持多种宽带接入方式,可允许多用户或局域网共用同一账号,以实现宽带接入。

(4) ONT(Optical Network Terminal)即光网络终端,俗称光猫,是接入网络中为家庭用户提供网络的设备,可以提供高速上网、IPTV、语音、WiFi 等业务。

(5) 无线 AP,是 Access Point 的简称,即无线接入点,它是局域网中有线信

想一想:

自己家里网络的组网方式是怎样的?

查一查:

请上网查询并了解这些网络设备的外观及性能。

号和无线信号互相转换的设备。无线 AP 通常可以分为胖 AP(Fat AP)和瘦 AP(Fit AP)两类,不是以外观来分辨的,而是从其工作原理和功能上来区分。

胖 AP(Fat AP):简单理解就是带管理功能的 AP,除了前面提到的无线接入功能外,一般还同时具备 WAN、LAN 端口,支持 DHCP 服务器、DNS 和 MAC 地址克隆、VPN 接入、防火墙、路由等功能。一般我们常用的无线路由器就是这个类型。

想一想:

你家网络使用了哪些设备?

瘦 AP(Fit AP):不带管理功能,可以把它简单理解为一个信号发送与接收的天线。它的管理功能由后端的无线控制器(AC)来完成。

(6) 无线 AC(Wireless Access Point Controller),全称是无线控制器,它是一种网络设备,是一个无线网络的核心,负责管理无线网络中的 AP,包括下发配置、修改相关配置参数、射频智能管理、接入安全控制等。

(7) PoE·AC 一体化路由器是集合标准 PoE 供电、无线 AC 功能为一体的多功能路由器。

三、 住宅 AC+ 瘦 AP 组网方案

住宅 AC+瘦 AP 的组网方式,其网络结构固定,需要在部署时规划布线。一般 PoE·AC 一体化路由器安装在住宅信息箱中,网络信息点和 AP 安装在各个有网络需求的房间中,网络信息点和 AP 通过双绞线线缆(超五类或六类)与 PoE·AC 一体化路由器连接,各类终端连接网络信息点和 AP 后,通过 PoE·AC 一体化路由器进行数据交换和信号控制,并得到共享上网服务和供电支持(设备需支持 PoE 供电)。该方案的优点是网络延迟低、传输速度快。(如图 3.2.2 所示)

想一想:

你家的信息网络组网方案是怎样的? 与上述方案有什么不同?

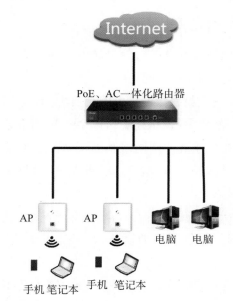

▲ 图 3.2.2 住宅 AC+瘦 AP 组网拓扑结构

四、 此次任务所使用的工具、材料和设备

（1）设备：PoE·AC一体化路由器、无线AP。（如表3.2.1所示）

▲ 表3.2.1　住宅 AC＋瘦 AP 组网设备

设备	图例	名称	设备
PoE·AC一体化路由器		无线 AP	

查一查：

如何计算 PoE 供电设备的最大 AP 承载数量？

（2）材料：超五类非屏蔽双绞线、RJ45网络配线架、RJ45水晶头、标签扎带、标签纸。（如表3.2.2所示）

▲ 表3.2.2　住宅 AC＋瘦 AP 组网材料及耗材

材料	图例	名称	材料
超五类非屏蔽双绞线		RJ45 网络配线架	
RJ45 水晶头		标签扎带	
标签纸			

议一议：

所选材料和工具能否满足实训要求？

（3）工具：110打线刀、剥线钳、RJ45压线钳、螺丝刀、记号笔。（如表3.2.3所示）

▲ 表3.2.3　住宅 AC＋瘦 AP 组网工具

工具	图例	工具	图片
110 打线刀		RJ45 压线钳	
剥线钳		螺丝刀	
记号笔			

活　动

活动一： 住宅信息网络设备安装

操作要领

1. 安全防护

施工开始前，需穿戴个人防护具（电工服、电工鞋、防护手套、护目镜），牢记安全事项和操作规程，安全操作工具和设备。

2. AP 面板安装

（1）打开 AP 面板壳盖，将 AP 模式调整为 Fit 模式（如图 3.2.3 所示），在 TO-2(4)信息点处，将制作了水晶头的线缆插入 AP 面板的相应接口中（如图 3.2.4 所示），多余线缆盘入底盒中。

查一查：

面板型 AP 与吊顶式 AP 有什么区别？它的优势在哪里？

想一想：

AP 的 Fat 工作模式与 Fit 工作模式有什么区别？

▲ 图 3.2.3　AP 面板模式开关示意

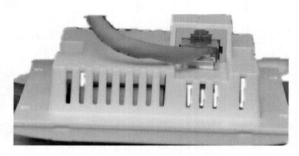

▲ 图 3.2.4　线缆插入 AP 面板

（2）如图 3.2.5 所示，对准设备与暗盒上的螺丝孔，装入螺钉以固定，螺钉勿拧过紧。

▲ 图 3.2.5　安装设备螺丝

（3）装上 AP 面板壳盖，粘贴标签纸在面板左上方，并用记号笔在标签纸上标记设备名称 AP1。（如图 3.2.6 所示）

▲ 图 3.2.6　AP 设备安装完成

提示：

设备名称应提前规划，防止重名。

3. 住宅信息箱的网络设备安装及线路安装

（1）在住宅信息箱处，用压线钳等工具制作 2 根 1.5 m 的超五类跳线。

（2）根据设备线路连接图（如图 3.2.7 所示），将超五类跳线一头插入 RJ45 配线架（Cat5e）的 1 号端口，另一头插入 PoE·AC 一体化路由器的 1 号端口，这样就能将网络信息点 TO-2(1) 跳接到 PoE·AC 一体化路由器上。

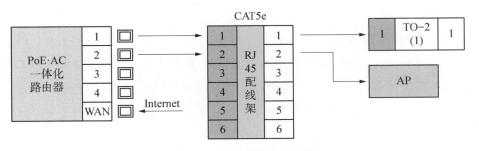

▲ 图 3.2.7　设备线路连接图

注意事项

　　事先应规划好端口对应关系，并制作端口对应表，以便日后系统维护使用。

想一想：

端口对应表应贴在信息箱的什么位置，以便日后维护更为便捷？

（3）再用另一根超五类跳线，将无线 AP 跳接到 PoE·AC 一体化路由器上。

（4）将连接 Internet 的网线插入 PoE·AC 一体化路由器 WAN 端口。

（5）在设备左上方粘贴标签纸，并用记号笔在标签纸上标记设备名称：PoE·AC 一体化路由器。

（6）将 PoE·AC 一体化路由器放入住宅信息箱的合适位置，并盘圈整理好跳线，放入住宅信息箱中。（如图 3.2.8 所示）

提示：

在信息箱中，应尽量保证强弱电分开，以避免信号干扰。

▲ 图 3.2.8　住宅信息箱内安装完成图

（7）插上 PoE·AC 一体化路由器电源，上电开启。

活动二　住宅信息网络 Internet 共享配置

操作要领

提示：

电脑网卡需设置为自动获取 IP 地址。

1. 连接配置电脑

设备上电后，将设置参数用的电脑网线插入 TO‐2(1)信息模块端口上，并确认 PoE·AC 一体化路由器上相对应的接口（1 号端口）指示灯状态（常亮或闪烁）。（如图 3.2.9 所示）

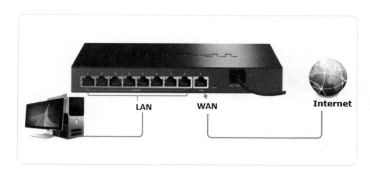

▲ 图 3.2.9　配置设备连接图

2. 创建管理账号和密码

如图 3.2.10 所示，打开电脑浏览器，清空地址栏并输入路由器的管理地址 192.168.1.1，在弹出的创建账户与密码界面中，设置用户名及管理密码,设置 6—15 位的管理密码,点击"确定",登录路由器管理界面。

想一想:

你的配置电脑的网络 IP 地址是什么?

▲ 图 3.2.10 设置用户名和管理密码

3. 设置 WAN 口上网参数

(1)登录界面后会自动弹出设置向导页面,在 WAN 口设置中,"连接方式"选择宽带线路的上网方式,并设置对应的上网参数。(以 PPPoE 拨号为例)

(2)根据图 3.2.11 所示,"连接方式"选择 PPPoE 拨号,填写运营商提供的宽带拨号的账号及密码,并确定该账号密码输入正确,点击"下一步"。(如果上网方式为"动态 IP"直接点击"下一步";如果为"静态 IP"上网,则填写对应网关参数后点击"下一步")

查一查:

一般家庭宽带有几种上网方式?它们的区别在哪里?

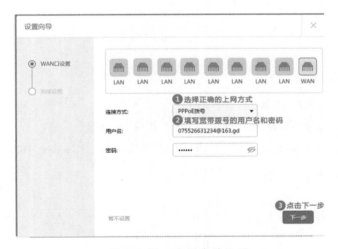

▲ 图 3.2.11 上网参数设置

提示:

账号、密码等关键
信息应妥善保存
记录。

注意事项

76%的用户因为输错宽带账号、密码导致无法上网,请仔细检查输入的宽带账号、密码是否正确,注意区分中英文输入、字母大小写、后缀是否完整等。如果不确认,请咨询宽带运营商。

4. 完成上网设置

核对 WAN 口参数,点击"完成",完成设置。(如图 3.2.12 所示)

▲ 图 3.2.12　核对 WAN 端口参数

至此,Internet 共享设置完成。用户可通过有线网络享受共享上网服务。

想一想:

如果电脑的 IP 地
址是手动设置,应
该怎么设置?

5. 上网测试

(1) 将电脑的网线插入网络信息点 TO-2(1)。

(2) 将电脑的 IP 地址设置为"自动获得 IP 地址"。

(3) 打开电脑的浏览器,在地址栏上输入网址,如 www.163.com,就能浏览网页信息。(如图 3.2.13 所示)

▲ 图 3.2.13　浏览网页

活动三：配置无线网络

操作要领

1. 打开 AP 管理界面

（1）打开电脑浏览器，在地址栏中输入路由器的管理地址 192.168.1.1，输入用户名和密码，打开配置主页。（如图 3.2.14 所示）

▲ 图 3.2.14　配置主页

（2）在配置主页中，打开"AP 管理＞AP 设置"页面，启用"AP 管理功能"，显示类型选择为"在线 AP 设备"，列表中将会显示当前在线的 AP，这样就可以对 AP 进行管理。（如图 3.2.15 所示）

▲ 图 3.2.15　启用 AP 管理功能

提示：

配置路由器之前，需要先确认路由器的管理 IP 地址。

提示：

如果没有 AP 在线，请检查 AP 设备是否上电，并确认物理线路有没有问题。

2. 设置 AP 无线参数

（1）在"AP 管理＞无线网络设置＞无线网络设置"页面中，分别设置已经在线 AP 的 2.4G 和 5G 无线名称和无线密码。现在为了兼顾各类高低端设备，通常情况下 2.4G 和 5G 网络同时开启。如图 3.2.16 所示，示范了 2.4G 无线名称和密码的设置方法。

▲ 图 3.2.16　无线网络设置

提示：

若部分 AP 无法发现，请确认 AP 的模式开关已拨到 FIT 模式，同时检查 AP 与路由器之间的线路连接是否完好。

（2）点击修改图标后（如图 3.2.17 所示），在弹出界面里配置参数。

▲ 图 3.2.17　无线网络参数设置

提示：

在设置 5G 网络前，请确认所使用的 AP 设备是否支持该频段。

（3）用同样的方法也可以设置 5G 的无线名称和密码。

（4）完成 AP 设置后，所有 AP 都能同时发射"HomeWIFI"无线信号。至此，住宅无线网络配置完成。

3. 上网测试

笔记本、Pad、手机等无线终端搜索连接"HomeWIFI"无线信号后，打开浏览器，输入网页地址，就可上网浏览网页。

提示：

使用无线网络时，一般上网终端设备应将 IP 地址设为自动获取模式。

 总结评价

依据世界技能大赛相关评分细则,本任务的评分标准详见表 3.2.4。其中,M 类是指技术评价的客观分,J 类是指过程、结果评价的主观分,总分为 10 分。

▲ 表 3.2.4 评分标准

评分类型	评分指标	评价标准	分值	得分
M1	无线 AP 面板安装	安装位置正确,水平牢固	1	
		无线 AP 使用 PoE 供电,电源指示亮,工作模式为 Fit 模式	1	
		信息点位置正确,水平牢固,内外标签齐,面板标签不得直接写,外皮开剥无破损,端面整齐,测试通过	1	
M2	信息箱整理	对线缆进行了整理,排线整齐无串绕,尽量强弱电分离	1	
		线缆处理符合规范要求、标志齐全、规范	1	
M3	无线 AC 配置	能够正确激活主机,设置用户名和密码正确	1	
		能够正确设置上网参数,实现 Internet 共享服务	1	
		能够将无线参数下发 AP,设置正确的无线名称"HomeWIFI"和无线密码	1	
J1	整顿素质	在实训开始之前,能充分准备好实训材料、工具;在实训过程中,能时刻保持工作区域的整齐、整洁;在实训完成时,能保持工具归位,剩余材料整理到位	1	
J2	安全文明	能在实训全程按照要求穿电工服、电工鞋,且在端接过程中佩戴护目镜、防护手套,不出现安全违规操作	1	
		总分	10	

想一想:

如果住宅信息箱中强弱电未分离,对信号传输会造成什么影响?

请你对照住宅信息组网任务的评分标准,对自己的组网工程进行评分。结合教师的评价分析自己在组网过程中出现的问题,精益求精,严格要求自己,并做好总结报告。

拓展学习

多种无线组网方案的剖析

在现实生活中,进行无线组网时,经常会碰到各种用户需求和环境限制,那就需要根据实际情况选择合适的无线组网方案,除了上面介绍的组网方式外,一般还有以下几种方案:

（1）单一家庭无线路由器覆盖（最常见的家庭无线组网方式）,就是在家里特定位置放置一个无线路由器,让信号尽可能多地覆盖到所有房间,该种方案部署最方便,但信号容易存在盲区。

（2）多个路由器无线覆盖,该方案是指在各个的房间中都放置路由器,通过中继、桥接功能,扩展无线网络覆盖,也可以通过配置相同的 SSID 的密码和加密方式,配置不同的无线信道进行交叉覆盖,达到信号的全覆盖。但多路由器之间没有协商,用户移动时会存在漫游问题。

（3）Mesh 网络结构,它实际上是一个"多跳"（multi-hop）网络,当用户通过无线连接方式接入到无线 Mesh 路由器以多跳互连的形式,形成相对稳定的转发网络。Mesh 网络通过路由器之间的自配置和自愈连接,通过 Mesh 路由网关与互联网相连,并为用户提供网络接入服务,所以它组网简单、便于安装、易扩展。这种方案特别适用于家庭内网络预留的有线接入点少,需要做无线扩展,但走线困难的情况。

想一想:

哪种方案更加适合你家的环境?

查一查:

无线网络的测试方法有哪些?

思考与训练

1. 无线组网方案有哪些?各有什么特点?适用范围如何确定?

2. 在 AC＋瘦 AP 组网方案中,AP 的工作在什么模式下（2.4G/5G）?这两种模式的优缺点有哪些?

3. 技能训练:请同学们根据各自家庭的情况,为自己家庭设计一套最优信息网络组网方案,并予以实施。

模块四
智能家居组建

　　智能家居组建是以住宅为平台,利用综合布线技术、网络通信技术、安全防范技术、自动控制技术、音视频技术将与家居生活有关的智能设施集成,构建高效的住宅设施与家庭日程事务的管理系统,以提升家居的安全性、便利性、舒适性、艺术性,并营造环保节能的居住环境。

　　本模块以组建智能安防系统为例,介绍智能家居组建中的相关职业技能和知识。

　　在本模块中,通过组建一个别墅的智能安防系统,完成智能可视对讲门禁系统安装与调试、智能安防报警与监控系统的安装与调试两个典型任务,融合世赛技能标准和规范,掌握智能可视对讲门禁系统的线缆穿放、设备安装与接线、系统的配置与调试、智能安防报警与监控系统的线缆穿放、设备安装与接线以及系统的配置与调试等职业技能与知识。(如图4.0.1所示)

想一想:

你接触过的智能家居有哪些?

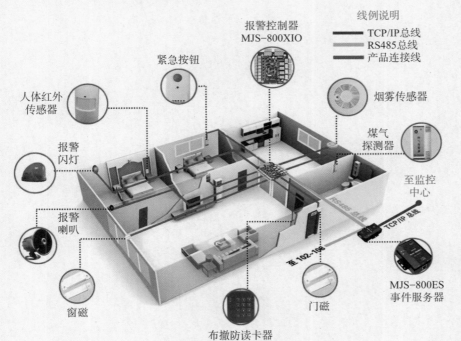

▲ 图 4.0.1　智能安防与监控系统示意图

任务一 智能可视对讲门禁系统安装与调试

 学习目标

- 能够根据项目要求,正确进行线缆穿放;
- 能够根据设备安装要求,完成可视门口机及其周边设备的安装;
- 能够根据设备安装要求,完成可视室内主机及其周边设备的安装;
- 能根据项目要求,完成可视对讲门禁系统的配置、调试;
- 养成在施工过程中佩戴个人防护具、牢记安全操作规程、线缆穿放规范、标识清晰规范、安装设备位置正确、按说明书正确配置设备的良好施工操作习惯;培育和弘扬节能环保、安装质量高、工艺美观的工匠精神。

查一查:

模拟可视对讲门禁系统与数字可视对讲门禁系统的区别是什么?

情景任务

某别墅小区有新业主入住,该别墅正在进行智能可视对讲门禁系统组建工程,此工程已完成了前期设计和管路敷设工作,作为一名智能化系统安装工程专业技术人员,你将去完成该项目的门口机、室内机及其周边设备(电子门锁、开门按钮、数字解码器)的线缆穿放、设备安装与接线、系统配置和调试的任务,组建一个别墅的智能可视对讲门禁系统,实现各类人员的双向对讲及智能门禁管理功能。

本任务将在实训模拟墙上完成操作,智能可视对讲门禁设备分别安装在 TO-4 和 TO-5 区域,住宅信息箱安装于蓝色区域,各个设备的安装底盒通过铺设的暗管互相连接。(如图 4.1.1 和图 4.1.2 所示)

议一议:

对讲门禁系统的功能有哪些?

提示:

根据各自学校现
有实训环境,搭建
实训平台。

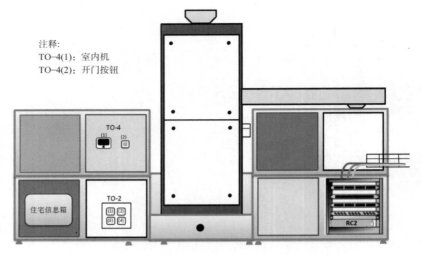

注释:
TO-4(1): 室内机
TO-4(2): 开门按钮

▲ 图 4.1.1　模拟墙设备安装位置图(正视图)

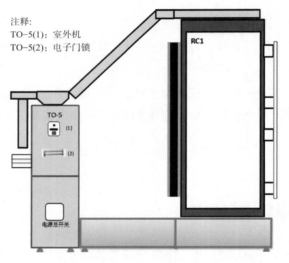

注释:
TO-5(1): 室外机
TO-5(2): 电子门锁

▲ 图 4.1.2　模拟墙设备安装位置图(左视图)

思路与方法

一、 什么是智能可视对讲门禁系统

想一想:

你接触过的对讲
门禁系统是怎样
的?

可视对讲门禁系统是为广大用户提供可靠的安全保障、便捷的到访呼
叫服务,并具有门禁管理功能的系统。该系统主要用于住宅小区(高层、小
高层、别墅等)、办公楼宇等场所。

查一查：
智能可视对讲门禁系统的类型及应用场景。

二、 智能可视对讲门禁系统（别墅型）的组成设备

该系统一般由中心管理机、门口机、室内分机和联网设备组成。它可以实现住户、来访者、管理中心三方视频通话功能、门禁控制（远程遥控开锁、门卡开锁、密码开锁）、小区信息发布、视频监控等功能。

（1）可视对讲门口机（如图 4.1.3 所示），也叫门口机、梯口机，或简称主机等。该设备安装于别墅或小区主大门处。访客可通过呼叫室内机或中心管理机，与业主或物业建立对讲通话，由业主或物业确认并为访客远程开门，也可供用户输密码、刷门禁卡，实现开门功能。

▲ 图 4.1.3　可视门口机（室外机）

（2）可视对讲室内机（如图 4.1.4 所示），简称分机、室内机，或用户终端设备。该设备安装于住户房间内，它用于接听门口机的呼叫，与门口机进行对讲通话，并可对门口机远程开锁。

▲ 图 4.1.4　可视室内机

查一查：
智能可视对讲门禁系统在市场上有哪些主流品牌？

（3）数字解码器（如图 4.1.5 所示），是网络供电一体化设备，提供数据快速交换功能，有多个接入端口，适用于住宅或小区全数字可视对讲设备联网，是整个系统的核心数据交换和供电设备。

（4）中心管理机（如图 4.1.6 所示），主要安装、摆放于物业管理中心、保安室等，用于接听住户家庭的报警、中心与业主间的相互通话及远程开单元门。

想一想：

你家的对讲系统
由哪些设备组成？

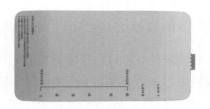

▲ 图 4.1.5　数字解码器

▲ 图 4.1.6　中心管理机

三、智能可视对讲门禁系统（别墅型）的拓扑结构

现在基于 IP 网络的数字式可视对讲门禁系统一般采用的是星形结构，所有设备都汇聚至数字解码器，由数字解码器提供数据交换和供电服务。（如图 4.1.7 所示）

想一想：

数字式对讲门禁
系统的优点有哪
些？

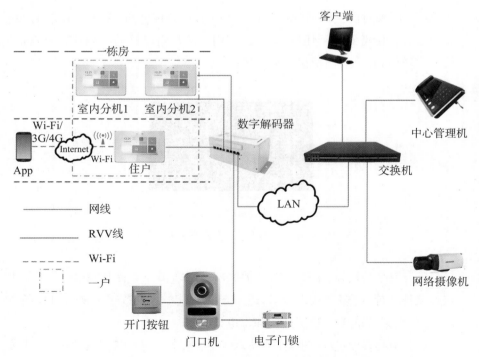

▲ 图 4.1.7　可视对讲门禁系统（别墅型）拓扑图

四、 智能可视对讲门禁系统（别墅型）的管路设计

一般开门按钮和门锁通过暗管与门口机相连，门口机通过暗管与住宅信息箱连接。室内机安装在室内靠近大门的位置处，其最终也有暗管与住宅信息箱连接。在住宅项目中，直流电源和数字解码器一般安装于住宅信息箱内。

五、 智能可视对讲门禁系统（别墅型）中各设备间使用的连接线缆

在智能可视对讲门禁系统中，门口机、室内机都为 PoE 设备，一般采用超五类或六类非屏蔽双绞线与数字解码器连接。

门口机除了连接数字解码器外，还需连接开门按钮、门锁、12 V 直流电源。一般门口机与开门按钮之间采用双芯 RVV 2 * 0.5 mm² 电缆直接连接，与门锁、12 V 直流电源使用 RVV 2 * 1.0 mm² 线缆进行连接。

六、 智能可视对讲门禁系统（别墅型）中电子门锁的线路设计

通过门口机与电子门锁接线图（如图 4.1.8 所示）可知，门口机、门锁及直流电源是串联在一起的，根据模拟墙管路图，通过线路设计，只需从直流电源和电子门锁处分别穿放一根 2 芯 RVV 2 * 1.0 mm² 到门口机，按照线路设计图连接就能实现设备的串联。（如图 4.1.9 所示）

提示：

一般情况下，用 RVV 2 * 0.5 mm² 电缆作为设备信号线使用，RVV2 * 1.0 mm² 作为供电线使用。

想一想：

串联电路的基本要求是什么？

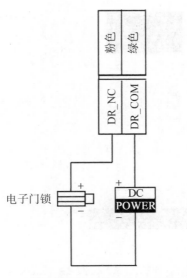

▲ 图 4.1.8　可视对讲门口机和电子门锁接线图

提示:

在设计线路时,可
将门口机看作一
个开关设备。

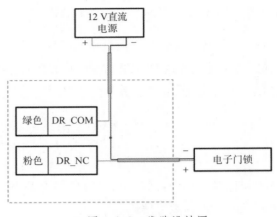

▲ 图 4.1.9　线路设计图

七、 此次任务中需使用的设备、材料和工具

（1）设备：可视对讲室内机、可视对讲门口机、数字解码器、电子门锁、开门按钮、12 V 直流电源接线排。（如表 4.1.1 所示）

查一查:

了解实训中所使
用设备的参数及
设备的性能。

▲ 表 4.1.1　此次任务中所使用的设备

设备	图例	设备	图例
可视对讲室内机(DS-KH8501-A)		可视对讲门口机(DS-KV8102-1C)	
数字解码器		电子门锁	
开门按钮		12 V 直流电源	
接线排			

（2）材料：超五类非屏蔽双绞线、RVV 2 * 0.5 mm²、RVV 2 * 1.0 mm²、RJ45 网络配线架、扎带、电工胶带、RJ45 水晶头、标签纸。（如表 4.1.2 所示）

▲ 表 4.1.2　此次任务中所使用的材料

材料	图例	材料	图例
超五类非屏蔽双绞线		RVV 2 * 0.5 mm²	
RVV 2 * 1.0 mm²		RJ45 网络配线架	
扎带		电工胶带	
RJ45 水晶头		标签纸	

提示：

电工胶带必须使用绝缘、耐压、阻燃、黏性好的胶带。

（3）工具：穿线器、110 打线刀、剥线钳、压线钳、鸭嘴剥线钳、螺丝刀、记号笔。（如表 4.1.3 所示）

▲ 表 4.1.3　此次任务中所使用的工具

工具	图例	工具	图例
穿线器		110 打线刀	
剥线钳		压线钳	
鸭嘴剥线钳		螺丝刀	
记号笔			

想一想：

实训中怎样使用这些工具？

 活　动

活动一：可视对讲门禁系统线缆穿放

操作要领

1. 施工前准备

（1）根据模拟墙设备安装图和拓扑图，了解设备分布及住宅信息箱位置，确定设备安装位置、安装设备名称，并将确认信息填入表 4.1.4。

▲ 表4.1.4　设备安装信息统计表

安装位置	安装设备名称
TO-4(1)	室内机
	门口机
	开门按钮
	电子门锁
	数字解码器、12 V 电源、接线柱

（2）通过拓扑图，可确定设备之间的连接线缆类型，请将确认信息填入表4.1.5。

▲ 表4.1.5　设备连接线缆信息统计表

设备	线缆类型
门口机—电子门锁	
门口机—开门按钮	RVV 2 * 0.5 mm²
电子门锁—电源	
数字解码器—门口机、室内机	

提示：

施工前，必须明确
设备之间的线缆
类型，以避免重新
布线的情况发生。

（3）确认安装信息和线缆信息后，准备施工工具（穿线器、电工胶带和尖嘴钳等）和超五类非屏蔽双绞线线缆、RVV 2 * 0.5 mm² 线缆、RVV 2 * 1.0 mm² 电缆、穿放系统线缆。

（4）施工开始前，需穿戴个人防护具（电工服、电工鞋、防护手套、护目镜），牢记安全事项和操作规程，安全操作工具和设备。

2. 线缆穿放

（1）根据图4.1.10所示，在 TO-4(1) 与住宅信息箱之间的管路中穿放一根超五类非屏蔽双绞线，并在线缆两端的扎带标签上，用记号笔标记线缆名为室内机。（如图4.1.11所示）

提示：

线缆两端标签字
迹一定要标记清
晰。

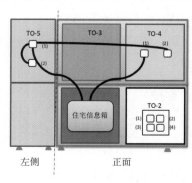

▲ 图4.1.10　模拟墙管路图（黑色为暗管）

▲ 图4.1.11　室内机 TO-4(1)布线完成

（2）在 TO-4(2)与门口机 TO-5(1)之间的管路中穿放一根 RVV 2
* 0.5 mm² 信号线缆,并在线缆两端的扎带标签上用记号笔标记线缆名为
开门按钮。(如图 4.1.12 所示)

提示:

信号线与电源线
所使用线缆的线
径与设备负载大
小、设备之间的距
离相关。(负载越
大,距离越远,线
径越粗)

▲ 图 4.1.12　开门按钮 TO-4(2)布线完成

（3）在门口机 TO-5(1)与住宅信息箱之间的管路中穿放一根超五类
非屏蔽双绞线,并在线缆两端的扎带标签上用记号笔标记线缆名为门口机。

（4）在门口机 TO-5(1)与住宅信息箱之间的管路中穿放一根 RVV 2
* 1.0 mm² 电源线缆,并在线缆两端的扎带标签上用记号笔标记线缆名为
12 V 电源。

（5）在门口机 TO-5(1)与电子门锁 TO-5(2)之间的管路中穿放一根
RVV 2 * 1.0 mm² 电源线缆,并在线缆两端的扎带标签上用记号笔标记线
缆名为电锁。(如图 4.1.13 所示)

想一想:

在项目施工过程
中使用 PoE 设备
的优势有哪些?

▲ 图 4.1.13　门口机 TO-5(1)布线完成

这样就完成了可视对讲门禁系统的全部布线工作。

活动二： 可视对讲门禁系统设备安装与接线

操作要领

1. 门口机壁装挂板安装

（1）如图 4.1.14 所示，用 3 枚螺钉将壁装挂板固定到 TO-5(1) 预埋底盒上。

（2）如图 4.1.15 所示，将线缆全部穿过壁装挂板。

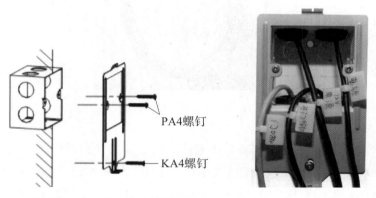

▲ 图 4.1.14　门口机安装示意图　　▲ 图 4.1.15　门口机线缆示意图

2. 门口机接线操作

（1）从 TO-5(1) 处的四根线缆中找出超五类非屏蔽网线，用压线钳等工具制作水晶头连接器，将制作好的线缆插入门口机的网络接口中，完成门口机的网络和供电连接。（如图 4.1.16 所示）

▲ 图 4.1.16　门口机网络连接图

（2）根据开门按钮接线示意图（如图 4.1.17 所示），在 TO-5(1) 处找出标识为开门按钮的 RVV 双芯电缆,用铜芯线接线工艺将红色芯线与门口机的黄紫线(ALARM_1)相连接,黑色芯线与黄黑线(ALARM_GND)连接。

查一查:

铜芯线接线工艺有哪些?

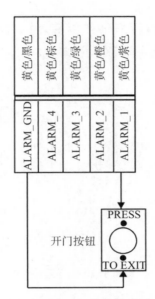

▲ 图 4.1.17　开门按钮接线示意图

(3) 如图 4.1.18 所示,首先在 TO - 5(1)处找出标识为电锁的 RVV 双芯电缆,用接线工艺将线缆中的红色芯线与门口机的粉色线(DR_NC)相连接。

想一想:

铜芯线接线工艺的制作要点有哪些?

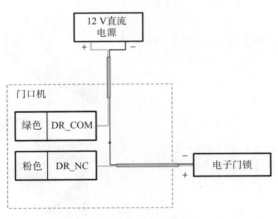

▲ 图 4.1.18　门锁接线线路图

(4) 在 TO - 5(1)处找出标识为 12 V 电源的 RVV 双芯电缆,用接线工艺将线缆中的红色芯线与门口机的绿色线(DR_COM)相连接。

（5）在 TO-5(1)处用接线工艺将标识为 12 V 电源的 RVV 双芯电缆中的黑色芯线与标识为门锁的 RVV 双芯电缆中的黑色芯线相连接。至此，门口机设备接线的操作就全部完成。

3. 门口机固定安装

整理线缆，将所有线缆盘入 TO-5(1)底盒中，将设备扣入壁装挂板中，并用 1 枚固定螺钉自上而下将设备固定住，完成门口机的安装。（如图 4.1.19 所示）

提示：

门口机应安装牢固，水平居中。

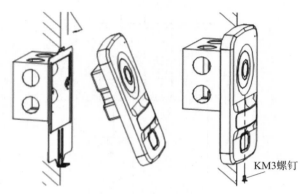

KM3螺钉

▲ 图 4.1.19 安装室外机

4. 开门按钮和电子门锁的安装与接线

开门按钮和电子门锁的安装与接线如表 4.1.6、表 4.1.7 所示。

▲ 表 4.1.6 开门按钮安装步骤

步骤 1	操作方法	图示
1	用剥线钳除去外护套，用鸭嘴剥线钳将线缆铜芯剥出 10 mm	
2	将铜芯插入接线孔内，并用螺丝刀拧紧固定螺丝，夹紧铜芯	
3	整理线缆，将其盘入 TO-4(2)底盒中，对准设备与暗盒上的螺丝孔，装入螺钉以固定设备	

提示：

铜芯应完全插入接线孔内，不应外露。

续表

步骤1	操作方法	图示
4	盖上面板,完成安装	

提示:

开门按钮内有弹簧,开门后应回归初始状态。

▲ 表 4.1.7　电子门锁安装步骤

步骤1	操作方法	图示
1	将电子门锁安装至 TO－5(2)处,去除电源外护套,将线缆铜芯剥出 50 mm	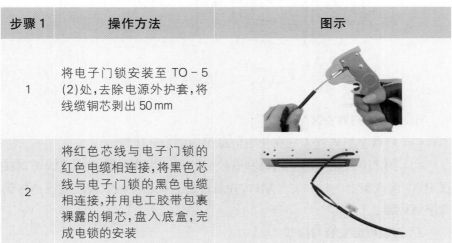
2	将红色芯线与电子门锁的红色电缆相连接,将黑色芯线与电子门锁的黑色电缆相连接,并用电工胶带包裹裸露的铜芯,盘入底盒,完成电锁的安装	

5. 室内机的安装与接线

（1）用两枚螺钉将室内机壁装挂板固定在 TO－4(1)底盒上。取出网线,用压线钳等工具制作水晶头连接器,将制作好的线缆插入室内机的网络接口中,完成室内机的网络和供电连接,再将线盘入底盒。（如图 4.1.20 所示）

想一想:

室内机为什么只需要插上网线就能正常运行?

▲ 图 4.1.20　室内机接入网络和电源

（2）将室内机后面板的插槽对准壁装挂板的插脚，向下滑动室内机，将室内机固定在挂板上。插脚插入插槽后，室内机后面板的锁扣将自动锁上，即完成安装。（如图 4.1.21 所示）

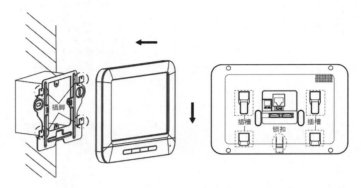

▲ 图 4.1.21　安装室内机

6. 数字解码器安装与接线

（1）将数字解码器固定在住宅信息箱中的合适位置。

（2）用 110 打线刀将室内机和室外机的超五类非屏蔽双绞线线缆端接在 RJ45 配线架上 1 号和 2 号端口，并通过超五类非屏蔽双绞线跳线连接到数字解码器。

7. 直流电源安装与接线

（1）用螺丝刀将 12 V 直流电源和接线排固定在住宅信息箱中，在设备左上方粘贴标签纸，并用记号笔在标签纸上标记设备名称。

（2）将直流电源线插入 12 V 直流电源。（如图 4.1.22 所示）

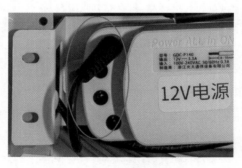

▲ 图 4.1.22　直流电源线插入

（3）用剥线器去除直流电源线外护套，用鸭嘴剥线钳将电源线缆的两根芯线分别剥出 10 mm 铜芯。

（4）将红色芯线插入接线排 IN 的 1 号接线柱中，黑色芯线插入接线排

IN 的 2 号接线柱中,并用螺丝刀拧紧固定螺丝,夹紧铜芯。(如图 4.1.23 所示)

提示:

接线排的上排为
输入端(IN),下排
为输出端(OUT)。

▲ 图 4.1.23 直流电源线接入接线排

(5) 将住宅信息箱内标有 12 V 电源的线缆去除外护套,用鸭嘴剥线钳将两根线缆铜芯剥出 10 mm。将红色芯线插入直流电源接线排 OUT 的 1 号接线柱中,黑色芯线插入直流电源接线排 OUT 的 2 号接线柱中,并用螺丝刀拧紧固定螺丝,夹紧铜芯。这样就完成了可视对讲门禁系统的全部设备安装与接线工作。(如图 4.1.24 所示)

提示:

信息箱内空间狭
小,尽量做到强弱
电分离,线缆理放
整体美观。

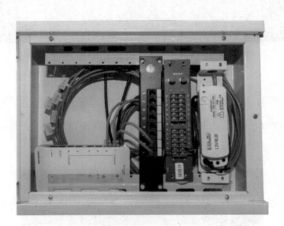

▲ 图 4.1.24 信息箱内设备安装完成图

活动三: 可视对讲门禁系统配置和调试

操作要领

1. 设备上电

当完成设备安装以后,打开电源开关,给整个系统上电。上电后,需要检查各设备的上电情况,确保各设备运行正常。

注意事项

（1）如果有设备无法上电或有烧焦味冒出,说明有接线错误存在,必须及时关闭电源,检查接线情况,查找出问题并解决后才能再次上电。

（2）维修设备和线路时,切忌带电操作。

2. 激活门口机和室内机

（1）将配置用的电脑网线连接到数字解码器的 LAN1 口上。

（2）打开电脑中 iVMS-4200 客户端,进入维护与管理的"设备管理"界面,在"在线设备区域",选中需激活的设备。（如图 4.1.25 所示）

▲ 图 4.1.25　选中需激活的设备

（3）如图 4.1.26 所示,点击"激活"按钮进入设备激活界面。输入密码如"123@163.com"和确认密码"123@163.com"后,点击"确认",进行激活设备的操作。

▲ 图 4.1.26　激活设备

提示:

激活密码不能遗忘。

注意事项

　　为了提高产品网络使用的安全性,设置的密码长度需达到 8—15 位,且由数字、小写字母、大写字母和特殊字符中的两种及以上类型组合而成。

3. 配置门口机和室内机 IP 地址

　　(1) 在"在线设备区域",选中已激活的设备,点击"修改设备网络参数"。(如图 4.1.27 所示)

▲ 图 4.1.27　选中激活设备

　　(2) 在弹出的对话框内,根据设备配置信息表(如表 4.1.8 所示),修改室内机和门口机的 IP 地址、子网掩码、网关等信息。修改完毕后,输入激活设备时设置的密码,单击"确定",修改生效,此时设备联网成功。(如图 4.1.28 所示)

想一想:

设备互通需要满足什么条件?

▲ 表 4.1.8　设备配置信息

	室内机	门口机
IP 地址	192.168.1.61	192.168.1.62
掩码地址	255.255.255.0	255.255.255.0
网关地址	192.168.1.253	192.168.1.253

注意事项

　　设置 IP 地址时,请保持室内机和门口机的 IP 地址与电脑 IP 地址处于同一网段内。

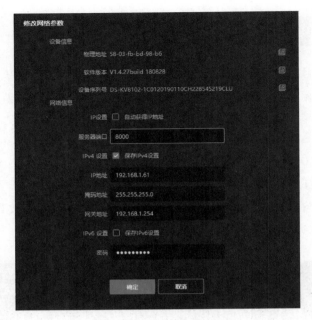

▲ 图 4.1.28　修改网络参数

提示：

设备的 IP 地址也
可通过 DHCP 服
务器自动分配获
得。

4. 在"设备管理"中添加室内机和门口机

（1）在"在线设备区域"，按住 Shift 或 Ctrl 键选中已激活的室内机和门口机。单击"添加"按键，弹出登录对话框。（如图 4.1.29 所示）

提示：

配置用的电脑与
设备应处于同一
网段。

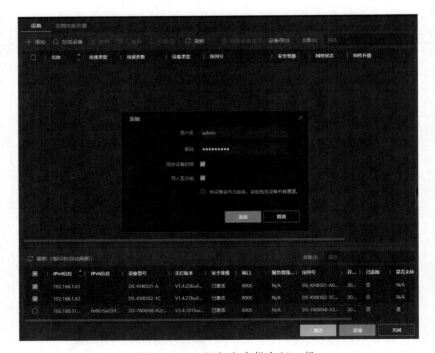

▲ 图 4.1.29　添加室内机和门口机

（2）输入激活设备时设置的密码，单击"完成"。添加成功后，设备信息会列举在设备列表区域。（如图 4.1.30 所示）

▲ 图 4.1.30　室内机和门口机添加成功

5. 配置门口机对讲参数

（1）单击"门口机"的远程配置（如图 4.1.31 所示），在"系统-时间"中，点击"SDK 校时"中的"校时"按钮，完成设备时间的校准设置。（如图 4.1.32 所示）

▲ 图 4.1.31　设备远程配置选项

▲ 图 4.1.32　校准门口机时间

提示：

只有当室内机和门口机添加到"设备管理"列表中之后，你才可以对它们进行远程配置操作。

提示：

可勾选时间同步服务器（NTP）进行时间同步操作。

注意事项

校准设备时间时,首先应确保电脑自身时间的准确性。

(2) 如图 4.1.33 所示,在"对讲-设备编号配置"中,设置门口机的设备类型和设备号,点击"保存"按钮完成配置。

提示:

设备编号应根据实际的楼栋编号进行配置。

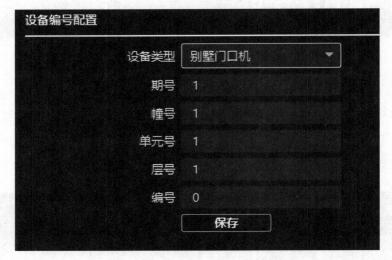

▲ 图 4.1.33　门口机设备编号配置

(3) 如图 4.1.34 所示,在"对讲-时间参数"中进入时间参数配置界面,设置门口机最大通话时间和最大留言时间,点击"保存"按钮完成配置。

提示:

通话时间和最大留言时间可根据用户需求设置。

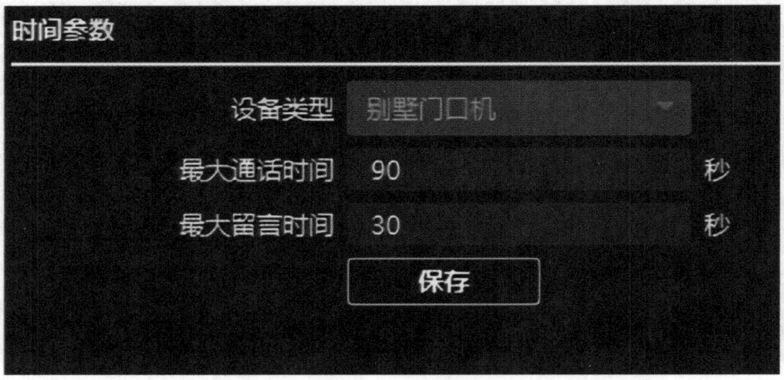

▲ 图 4.1.34　门口机时间参数配置

6. 配置室内机对讲参数

(1) 单击"室内机"的远程配置,在"系统-时间"中,点击"SDK 校时"中

的"校时"按钮,完成设备时间的校准设置。(如图 4.1.35 所示)

想一想:

校准设备时间时,
需要注意什么?

▲ 图 4.1.35　校准室内机时间

(2) 如图 4.1.36 所示,点击"对讲-设备编号配置"中,设置室内机的设备类型和房间号,点击"保存"按钮完成配置。

▲ 图 4.1.36　室内机编号配置

(3) 如图 4.1.37 所示,点击"对讲-时间参数"进入时间参数配置界面,设置室内机最大响铃时间和最大监视时间,点击"保存"按钮完成配置。

提示:

对讲时间可根据
客户需求进行设
置。

▲ 图 4.1.37　室内机时间参数配置

（4）点击"对讲-权限密码"进入室内机密码修改界面。选择密码类型（工程密码、胁迫密码、开锁密码、布撤防密码），对相应的密码进行修改。（如图 4.1.38 所示）

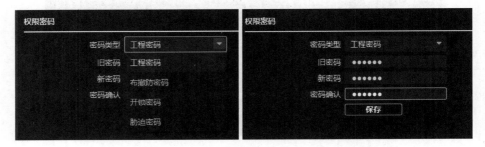

▲ 图 4.1.38　室内机权限密码配置

注意事项

　　本设备默认仅供初次使用（工程密码：888999，胁迫密码：654321，开锁密码：123456，布撤防密码：123456）。

（5）如图 4.1.39 所示，点击"对讲-关联网络配置"，进入室内机的关联网络配置界面，设置门口机的 IP 地址，设置主门口机类型设置为主别墅机，点击"保存"，设置生效。

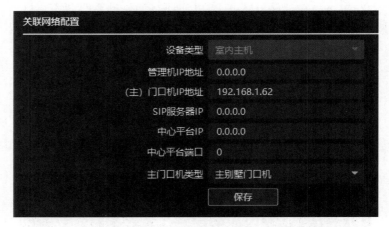

▲ 图 4.1.39　室内机关联网络配置

这样，门口机就能实现呼叫室内机的功能。

7. 发卡操作

（1）在门口机读卡区域刷母卡，门口机会发出"开始发卡"的提示音。

（2）在门口机读卡区域刷门禁 IC 卡进行录入门禁卡信息操作。

（3）当所有需要的门禁卡都录入结束后，再刷母卡结束发卡操作。这样，用户就可以通过授权过的门禁卡刷卡开锁了。

提示：

注意保管好母卡，门口机拥有唯一的管理母卡。

活动四： 可视对讲门禁系统使用

操作要领

1. 用户刷卡开门

住户回家以后，直接通过授权过的 IC 卡在门口机的读卡区域刷卡开锁。当用户和访客出门时，按下开门按钮就可以打开门锁。

2. 外来人员来访

当有人来访时，访客按下门口机上的呼叫按键呼叫住户，住户点击室内机"接听"图标接听，双方即可进行视频语音对讲，住户通过室内机可看到门口机的视频图像。当住户确认访客身份后，就可以点击屏幕上的"开锁"图标进行远程开锁。（如图 4.1.40 所示）

查一查：

可视对讲门禁系统还有哪些功能？

▲ 图 4.1.40　室内机对讲画面

总结评价

依据世界技能大赛相关评分细则，本任务的评分标准详见表 4.1.9。其中，M 类是指技术评价的客观分，J 类是指过程、结果评价的主观分，总分为 10 分。

想一想：

不用的线束如果未使用绝缘胶布做好绝缘处理,会造成什么影响？

▲ 表 4.1.9　评分标准

评分类型	评分指标	评价标准	分值	得分
M1	门口机安装	安装支架没有变形,安装位置正确,水平牢固	0.5	
		线路测试通过,工艺美观,并用标签扎带做好标签,不用的线束要用绝缘胶布做好绝缘处理	0.5	
M2	开门按钮、电锁安装	安装位置正确,水平牢固	0.5	
		线缆安装正确,接头位置没有露铜,接线的部分必须用绝缘胶布做好绝缘,不用的线束也要用绝缘胶布做好绝缘处理	0.5	
M3	室内主机安装	安装支架没有变形,安装位置正确,水平牢固	0.5	
		跳线测试通过,工艺美观,并用标签扎带做好标签,不用的线束要用绝缘胶布做好绝缘处理	0.5	
M4	信息箱整理	对线缆进行了整理,排线整齐无串绕,尽量做到强弱电分离	0.5	
		线缆处理符合规范要求、标志齐全、规范	0.5	
M5	可视对讲系统配置	能够正确激活室内和室外主机,设置的用户名和密码正确	1	
		门口主机可以呼叫室内主机,并实现通话开锁功能	1	
		门口机可以手持 IC 卡实现开门功能,也可使用开锁按钮开门	1	
		设置的室内机类型和房间号正确,可以访问门口主机画面,实现开锁功能	1	
J1	整顿素质	在实训开始之前,能充分准备好实训材料、工具;在实训过程中,能时刻保持工作区域的整齐、整洁;在实训完成时,能保持工具归位,剩余材料整理到位	1	
J2	安全文明	能在实训全程按照要求穿电工服、电工鞋,且在端接过程中佩戴护目镜、防护手套,不出现安全违规操作	1	
		总分	10	

议一议：

实训过程中,哪些操作要点是需要注意的？

议一议：

针对可视对讲系统功能失败的各种情况,整理排障思路。

　　请你对照智能可视对讲系统安装与调试任务的评分标准对自己的系统安装和调试工程进行评分。结合教师的评价分析自己在安装和调试过程中出现的问题,精益求精,严格要求自己,并做好总结报告。

📖 **拓展学习**

可视对讲系统的技术发展趋势

可视对讲系统经历了从非可视对讲到可视对讲,从黑白可视对讲到彩色可视对讲,从普通型可视对讲到安保型可视对讲,从独立系统到联网系统,从通过各种总线方式联网发展到半数字联网,进一步发展到全 TCP/IP 网络联网,从单一功能型到智能综合控制型。短短十余年间,发展非常迅速。

查一查:

可视对讲系统的应用场景有哪些?

如今物联网、5G、云计算、人脸识别等新前沿的技术到来,将为可视对讲的发展注入了新的血液,为可视对讲系统的未来发展标明了一个方向。

1. 人脸识别技术成为未来发展趋势

如今,人脸识别技术广泛应用多领域多行业,如刷脸支付、刷脸验证、刷脸过门禁、刷脸乘电梯等,成为不可或缺的技术之一。毫无疑问,人脸识别技术也可与对讲技术结合,搭载人脸对讲,站在设备前不到 1 秒就能完成识别,轻松出入大门,安装方便,使用快捷,安全智能。

讨论:

还有哪些新技术可以应用到可视对讲系统中?

2. 云对讲深受年轻一族的青睐

云对讲可以说是互联网产业发展到一定阶段延伸必然产品,区别于过去传统对讲,只要有手机和 Wi-Fi 信号覆盖,就可轻松实现对讲、开锁等所有功能。如今手机成为生活或办公不可或缺的重要设备,手机与对讲结合符合趋势,尤其深受年轻一族的青睐。

3. 人工智能推动对讲技术持续升级

伴随人工智能技术在对讲产业应用的深入,对讲对接人工智能技术,实现了更多功能,如身份确认和鉴别、访问控制、安全监控等,这不仅大大提高了居家生活质量,还实现了更多的增值服务。

📝 **思考与训练**

1. 智能可视对讲系统的一般功能有哪些? 这些功能可否满足用户需求?

2. 在进行设备接线过程中,需要注意的事项有哪些?

3. 技能训练:在此次任务中,我们只实现了智能对讲系统的一些基本功能,请你根据官方指导资料实现更多应用(比如:远程监视、中心管理机互联等),以完善系统功能。

任务二　智能安防报警与监控系统安装与调试

 学习目标

- 能够根据设备安装要求，合理规范地完成网络摄像机、网络硬盘录像机、门磁探测器、红外探测器、烟感探测器、紧急按钮的安装；
- 能够根据项目需求，完成网络摄像机、网络硬盘录像机的配置；
- 能够根据项目需求，完成安全防范系统的配置；
- 养成在施工过程中佩戴个人防护具、牢记安全操作规程、线缆穿放规范、标识清晰规范、安装设备位置正确、按说明书正确配置设备的良好施工操作习惯；培育和弘扬节能环保、安装质量高、工艺美观的工匠精神。

情景任务

　　某别墅小区有新业主入住，该别墅正在进行智能安防报警与监控系统组建工程，此工程已完成了前期设计和管路敷设工作。作为一名智能化系统安装工程专业技术人员，你将去完成该项目的报警主机及其周边报警设备、视频监控主机及网络摄像机的线缆穿放、设备安装与接线、系统配置和调试的任务，组建一个别墅的智能安防报警与监控系统，实现智能化防盗、防火报警、实时监控的功能，提高住宅智能化程度。

　　本任务将在实训模拟墙上完成操作，智能安防报警与监控系统的设备分别安装在 TO-1、TO-2、TO-3 和 TO-4 区域，住宅信息箱安装于蓝色区域，各个设备的安装底盒通过铺设的暗管互相连接。（如图 4.2.1 所示）

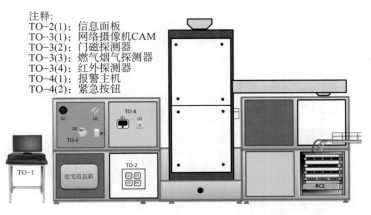

注释:
TO-2(1): 信息面板
TO-3(1): 网络摄像机CAM
TO-3(2): 门磁探测器
TO-3(3): 燃气烟气探测器
TO-3(4): 红外探测器
TO-4(1): 报警主机
TO-4(2): 紧急按钮

▲ 图 4.2.1　模拟墙设备安装信息图

思路与方法

一、 智能安防报警与监控系统（别墅型）

智能安防报警与监控系统是视频监控系统和家庭的各种传感器、功能键、探测器及执行器共同构成的智能安防体系。报警系统实现对匪情、盗窃、火灾、煤气泄漏、紧急求助等意外事故的自动报警。视频监控系统应用于建筑物内的主要公共场所和重要部位,实现对重点场所的实时监控、录像和报警时的图像复核。

二、 智能安防报警与监控系统（别墅型）的组成

智能安防报警与监控系统主要由智能安全报警系统和视频监控系统组成。

智能安全报警系统的前端设备为各种类别的报警传感器或探测器,系统的终端是显示/控制/通信设备,它可应用独立的报警控制器,也可采用监控报警中心控制台控制。不论采用什么方式控制,均必须对设防区域的非法入侵和意外事故进行实时、可靠和正确无误的复核和报警。在现代家庭安全报警系统中,可视对讲系统中的室内主机也可作为报警控制器,连接多种探测器和报警传感器,提供安防管理。（如图 4.2.2 所示）

视频监控系统的前端是各种摄像机、视频检测报警器和相关附属设备,系统的终端设备是显示/记录/控制设备,常规采用独立的视频监控中心控制台。整个系统网络为典型的星形网络结构,一般数字视频监控报警系统的前端设备和后端设备通过 PoE 交换机连接在一起。（如图 4.2.3 所示）

想一想:

智能安防报警与监控系统应用在生活中的哪些方面?

想一想:

你生活中接触过的智能安防报警与监控系统是怎样的?

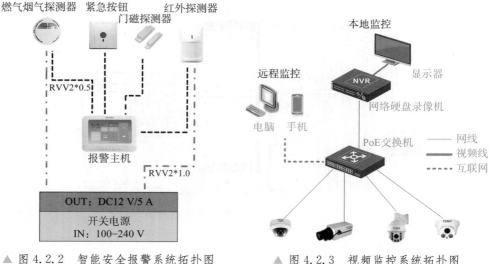

燃气烟气探测器　紧急按钮　　红外探测器
门磁探测器
RVV2*0.5
报警主机
RVV2*1.0
OUT：DC12 V/5 A
开关电源
IN：100–240 V

本地监控
远程监控
NVR
显示器
网络硬盘录像机
电脑　手机
PoE交换机　　——　网线
　　　　　　　—　视频线
　　　　　　　----　互联网

▲ 图 4.2.2　智能安全报警系统拓扑图　　　　▲ 图 4.2.3　视频监控系统拓扑图

三、 智能安全报警系统（别墅型）探测器的类型

　　智能安全报警系统由家庭报警主机和各种前端探测器组成。前端探测器可分为门磁、窗磁、煤气探测器、烟气探测器、红外探头、紧急按钮等。

　　探测器类型有以下几种：

　　（1）门磁探测器：主要装在门及门框上，当有盗贼非法闯入时，家庭主机报警，管理主机会显示报警地点和性质。

　　（2）红外探测器：主要装在窗户和阳台附近，红外探测非法闯入者。另外，较新的窗台布防采用"幕帘式红外探头"，通过隐蔽的一层电子束来保护窗户和阳台。

查一查：

各类探测器的工作原理是什么？

　　（3）玻璃破碎探测器：装在面对玻璃的位置，当检测到玻璃破碎的高频声时报警。

　　（4）吸顶式热感探测器：安装在客厅，通过检测人体温度来报警。

　　（5）煤气泄漏探测器：安装在厨房或洗浴间，当煤气泄漏到一定浓度时报警。

　　（6）烟气探测器：一般安装在客厅或卧室，检测到家居环境烟气浓度达到一定程度时报警。

　　（7）紧急按钮：一般装设在较隐蔽地方，若家中发生紧急情况（如打劫、突发疾病），可直接向保安中心求助。

四、 视频监控系统（别墅型）中使用的设备

　　网络摄像机（又称 IP 摄像机或 IPC）是传统摄像机与网络视频技术相

讨论：

你接触过的家庭监控系统主要由哪些设备组成？

结合而产生的新一代产品。摄像机传过来的视频信号数字化后由高效压缩芯片压缩,通过网络传送到服务器或 NVR(网络硬盘录像机)。用户可通过网络在 web 页面上直接浏览摄像机图像,授权用户还可以控制摄像机云台镜头的动作或对系统配置进行操作。IPC 支持铜缆接入(PoE 供电)、WiFi 无线接入、3G 接入和光纤接入多种模式。

PoE 交换机,是支持网线供电的交换机,其不但可以实现普通交换机的数据传输功能,还能同时对网络终端(如无线 AP、网络摄像机)进行供电。

NVR 是 Network Video Recorder 即网络硬盘录像机的缩写。NVR 最主要的功能是通过网络接收 IPC(网络摄像机)设备传输的数字视频码流,并进行存储、管理,从而实现网络化带来的分布式架构优势。用户能通过 NVR 同时观看、浏览、回放、管理、存储多个网络摄像机的图像。

五、 此次任务所使用的材料、设备和工具

(1)材料:超五类非屏蔽双绞线、RVV 2 * 1.0 mm²、RVV 2 * 0.5 mm²、扎带、RJ45 水晶头、电工胶带、RJ45 网络配线架、标签纸、面板、信息模块。(如表 4.2.1 所示)

议一议:

所选材料和工具能否满足实训要求?

▲ 表 4.2.1　此次任务所使用的材料

材料	图片	材料	图片
超五类非屏蔽双绞线		RVV 2 * 1.0 mm²	
RVV 2 * 0.5 mm²		扎带	
RJ45 水晶头		电工胶带	
RJ45 网络配线架		标签纸	
信息模块		面板	

查一查:

RVV 电缆的规格有哪些? 它们有什么区别?

(2)设备:报警主机、门磁探测器、红外探测器、燃气烟气探测器、紧急按钮、12 V 直流电源、网络硬盘录像机(NVR)、显示器、网络摄像机、摄像机支架、PoE 交换机、硬盘、数字解码器。(如表 4.2.2 所示)

查一查：

了解此次实训所
使用设备的参数
及设备的性能。

▲ 表 4.2.2　此次任务所使用的设备

设备	图片	设备	图片
报警主机 (DS- KH8501-A)		门磁探测器	
红外探测器		燃气烟气探测器	
紧急按钮		12 V 直流电源	
网络硬盘录像机(NVR)		显示器	
网络摄像机		摄像机支架	
PoE 交换机		硬盘	
数字解码器			

查一查：

在不同监控需求
下，如何计算网络
硬盘录像机所需
的硬盘容量？

（3）工具：穿管器、剥线钳、压线钳、110 打线刀、鸭嘴剥线钳、螺丝刀、记号笔。（如表 4.2.3 所示）

▲ 表 4.2.3　此次任务所使用的工具

工具	图片	工具	图片
穿管器		剥线钳	

续表

工具	图片	工具	图片
压线钳		110 打线刀	
鸭嘴剥线钳		螺丝刀	
记号笔			

查一查：

如何正确使用鸭
嘴剥线钳？

活 动

活动一： 智能安防报警与监控系统线缆穿放

操作要领

1. 施工前准备

（1）根据模拟墙设备安装图和系统拓扑图，了解设备分布及住宅信息
箱位置，确定设备安装位置、安装设备名称，并将确认信息填入表 4.2.4 中。

▲ 表 4.2.4 设备安装信息统计表

安装位置	安装设备名称
TO-2(1)	信息面板
	网络摄像机
	显示器
	网络硬盘录像机
TO-4(1)	报警主机
	紧急按钮
	门磁探测器
	红外探测器
	燃气烟气探测器
住宅信息箱	PoE 交换机、RJ45 网络配线架直流电源

提示：

施工前，必须明确
设备安装位置。

（2）通过拓扑图，可确定设备之间的连接线缆类型，请将确认信息填入
表 4.2.5 中。

提示：

施工前，必须明确
设备之间连接线
缆类型，以避免重
新布线的情况发
生。

▲ 表 4.2.5　设备连接线缆信息统计表

设备	线缆类型
网络摄像机、PoE 交换机、NVR	超五类非屏蔽双绞线
报警主机与各探测器、紧急按钮	RVV 2 * 0.5 mm²
各类探测器电源	
数字解码器—报警主机	

（3）确认安装信息与线缆信息后，准备施工工具（穿管器、电工胶带等）和超五类非屏蔽双绞线线缆、RVV 2 * 0.5 mm² 线缆、RVV 2 * 1.0 mm² 线缆，准备穿放系统线缆。

（4）施工开始前，需穿戴个人防护具（电工服、电工鞋、防护手套、护目镜），牢记安全事项和操作规程，安全操作工具和设备。

2. 线缆穿放

（1）根据模拟墙管路图（如图 4.2.4 所示），在 TO-2(1) 与住宅信息箱之间的管路中穿放一根超五类非屏蔽双绞线，并在线缆两端的扎带标签上，用记号笔标记线缆名为 UTP1。

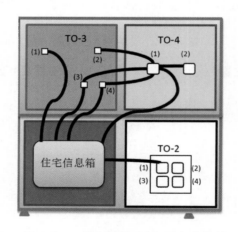

▲ 图 4.2.4　模拟墙管路图（黑色为软管）

提示：

线缆标识一定要
标记正确、清晰。

（2）在 TO-3(1) 与住宅信息箱之间的管路中穿放一根超五类非屏蔽双绞线，并在线缆两端的扎带标签上，用记号笔标记线缆名为 Cam-1。

（3）在 TO-4(1) 与住宅信息箱之间的管路中穿放一根超五类非屏蔽双绞线，并在线缆两端的扎带标签上，用记号笔标记线缆名为报警主机。

（4）在 TO-4(2) 与 TO-4(1) 之间的管路中穿放一根 RVV 2 * 0.5 mm² 线缆，并在线缆两端的扎带标签上，用记号笔标记线缆名为紧急按钮。

（5）在 TO - 3(2) 与 TO - 4(1) 之间的管路中穿放一根 RVV 2 *
0.5 mm² 线缆，并在线缆两端的扎带标签上，用记号笔标记线缆名为门磁。

（6）在 TO - 3(3) 与 TO - 4(1) 之间的管路中穿放一根 RVV 2 *
0.5 mm² 线缆，并在线缆两端的扎带标签上，用记号笔标记线缆名为燃气烟
气探测。

（7）在 TO - 3(4) 与 TO - 4(1) 之间的管路中穿放一根 RVV 2 *
0.5 mm² 线缆，并在线缆两端的扎带标签上，用记号笔标记线缆名为红外
探测。

（8）在 TO - 3(3)、TO - 3(4) 与住宅信息箱之间的管路中各穿放一根
RVV 2 * 1 mm² 电源线缆，并在线缆两端的扎带标签上，用记号笔标记线缆
名分别为燃气烟气 12 V、红外探测 12 V。

提示：

线缆布放完成后，
需核查布放的线
缆数量和类型，以
免线缆布放遗漏
的情况产生。

活动二：视频监控系统设备安装

操作要领

1. 信息点与 RJ45 网络配线架的安装

（1）在 TO - 2(1) 处，首先用 110 打线刀等工具端接信息模块，并在扎
带标签上标记端口标签为 1/Cat5e - 1，接着将模块插入面板，最后用螺钉固
定，盖上面板盖板，完成信息点安装。

（2）在 TO - 3(1) 的超五类非屏蔽双绞线上，按照 T568B 的标准用压线
钳压接水晶头，并在扎带标签上标记端口标签为 Cam - 1/Cat5e - 2，并将线
缆盘入底盒。

（3）在住宅信息箱处，用 110 打线刀等工具将 UTP1 线缆端接在 RJ45
网络配线架的 1 号口，并在靠近配线架的线缆上制作端口标签 1/TO - 2
(1)；将 Cam - 1 线缆端接在 RJ45 网络配线架的 2 号口，并在靠近配线架的
线缆上制作端口标签 2/Cam - 1。

提示：

安装配线架时，必
须水平、牢固、无
松动。

（4）用螺丝刀将配线架固定在住宅信息箱里，贴上设备标签，用记号笔
标记设备名称（例如 Cat - 5e），完成 RJ45 网络配线架的安装。

2. 网络摄像机的安装

根据任务要求，将网络摄像机安装于 TO - 3(1) 处，具体步骤如下：

（1）拆卸安装盘（如图 4.2.5 所示）。手持摄像机，逆时针旋转安装盘，
取下安装盘。

（2）固定安装盘（如图 4.2.6 所示）。使用支架上的 2 颗 PM4 * 10 规格
的螺钉，将安装盘固定在摄像机支架上。

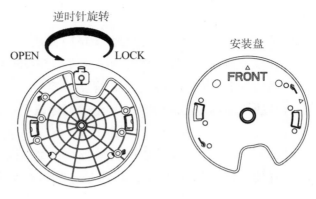

▲ 图 4.2.5　拆卸安装盘

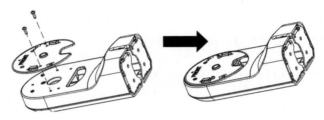

▲ 图 4.2.6　固定安装盘

（3）拆卸支架固定座（如图 4.2.7 所示）。使用螺丝刀拧开支架固定座的螺钉，拆卸支架主体和支架固定座。

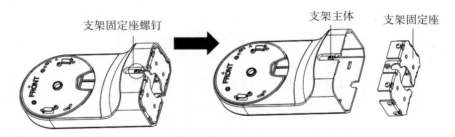

▲ 图 4.2.7　拆卸支架固定座

（4）安装支架固定座（如图 4.2.8 所示）。采用支架螺丝包中的 4 颗 PA4 * 25 规格的螺钉，将支架固定座固定于 TO‐3(1)处。

（5）固定摄像机（如图 4.2.9 所示）。将摄像机线缆向上穿入穿线孔，摄像机底部与安装盘通过卡扣扣牢，顺时针旋转摄像机，锁紧并完成固定。

（6）安装支架主体和摄像机（如图 4.2.10 所示）。将制作好水晶头的网线插入摄像机的网络接口，并将余线绝缘（电工胶带包裹），将支架主体连同摄像机固定到支架底座上，使用支架螺丝包内的 1 颗 PM4 * 10 螺丝进行固定。

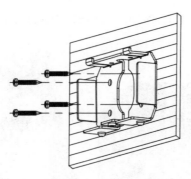

▲ 图 4.2.8　安装支架固定座

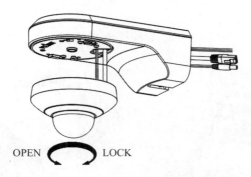

OPEN　　　　LOCK

▲ 图 4.2.9　固定摄像机

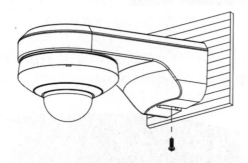

▲ 图 4.2.10　安装支架主体和摄像机

3. 网络硬盘录像机（NVR）的安装

（1）如图 4.2.11 所示，拧开机箱背部和侧面的螺丝，取下盖板。

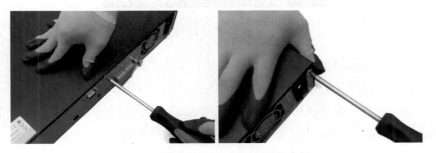

▲ 图 4.2.11　拆卸 NVR 背板

提示：

安装时，应按图示
正确安装固定设
备。

提示：

螺丝取下时要妥
善存放，以免遗
失。

（2）如图 4.2.12 所示，使用 sata 线缆将硬盘与主板连接。

▲ 图 4.2.12　连接硬盘数据线

（3）如图 4.2.13 所示，将电源线连接至硬盘。

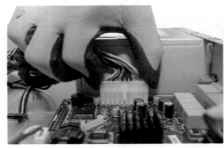

▲ 图 4.2.13　连接硬盘电源线

（4）如图 4.2.14 所示，将硬盘螺纹口与机箱底部预留孔对准，用螺丝将其固定，盖好机箱盖板，并将盖板用螺丝固定。

▲ 图 4.2.14　固定硬盘

（5）将网络硬盘录像机（NVR）与显示器放置在 TO‐1 处的实训桌上，用 VGA 线将两者连接在一起，并分别连接 220 V 电源。

（6）制作一根足够长的网络跳线，一端插入 NVR 的网络端口，另一端插入 TO‐2(1)面板上的模块里，将 NVR 连入监控网络。

4. 住宅信息箱的设备安装

（1）在住宅信息箱处，用压线钳等工具制作 2 根 1.5 m 的超五类跳线。

（2）将超五类跳线一头插入 RJ45 网络配线架（Cat-5e）的 1 号端口，另一头插入 PoE 交换机的 1 号端口，这样就能将网络硬盘录像机（NVR）跳接到 PoE 交换机的 1 号口上。

（3）再用另一根超五类跳线，将网络摄像机 Cam 跳接到 PoE 交换机的 2 号口上。

（4）将 PoE 交换机放入住宅信息箱的合适位置，并盘圈整理好跳线，放入住宅信息箱中。（如图 4.2.15 所示）

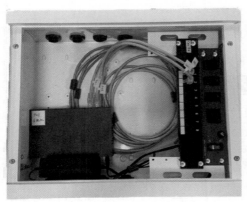

▲ 图 4.2.15 视频监控系统信息箱完成图

提示：

信息箱内空间狭小，尽量做到强弱电分离、线缆理放整体美观。

活动三： 智能安防报警系统设备安装与接线

操作要领

1. 各类探测器的安装与接线

（1）将门磁探测器安装于 TO-3(2)处，除去 RVV 线缆的外护套，用鸭嘴剥线钳将线缆铜芯剥出 10 mm，根据接线示意图 4.2.16，将铜芯插入门磁

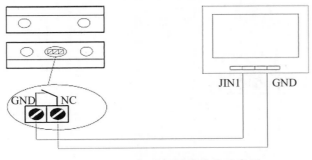

▲ 图 4.2.16 门磁探测器接线示意图

提示：

设备安装与接线前，需认真阅读产品配套说明书，了解其安装方法和接口参数。

的相应接线孔内,并用螺丝刀拧紧固定螺丝,夹紧铜芯。(NC 为常闭触点)

(2) 将燃气烟气探测器安装于 TO-3(3)处,分别除去两根 RVV 线缆的外护套,用鸭嘴剥线钳将线缆铜芯剥出 10 mm,再根据接线示意图 4.2.17,将信号线缆的铜芯插入燃气烟气探测器的 NO 的相应的接线孔内,电源线缆的铜芯插入相应的 12 V 电源接线孔(红线＋,黑线－),并用螺丝刀拧紧固定螺丝,夹紧铜芯。(NO 为常开触点)

查一查:

为什么有些设备连接的是 NO 触点,而有些连接的是 NC 常闭触点?它们之间有什么区别?

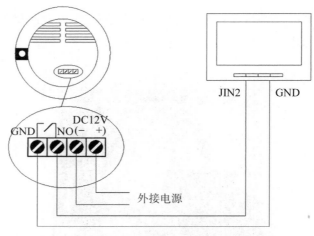

▲ 图 4.2.17　燃气烟气探测器接线示意图

提示:

接线时,注意区分信号线和电源线。

(3) 将红外探测器安装于 TO-3(4)处,分别除去两根 RVV 线缆的外护套,用鸭嘴剥线钳将线缆铜芯剥出 10 mm,再根据接线示意图 4.2.18,将信号线缆的铜芯插入红外探测器的 NO 的相应的接线孔内,电源线缆的铜芯插入相应的 12 V 电源接线孔(红线＋,黑线－),并用螺丝刀拧紧固定螺丝,夹紧铜芯。

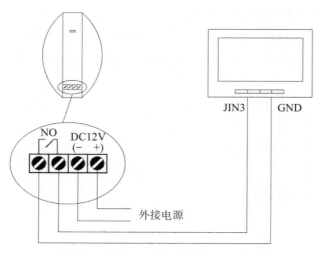

▲ 图 4.2.18　红外探测器接线示意图

（4）将紧急按钮安装于 TO-4(2)处，除去 RVV 线缆的外护套，用鸭嘴剥线钳将线缆铜芯剥出 10 mm，再根据接线示意图 4.2.19，将铜芯插入紧急按钮的相应接线孔内，并用螺丝刀拧紧固定螺丝，夹紧铜芯。

提示：

接线完成后一定要确保铜芯不外露，以免短路发生。

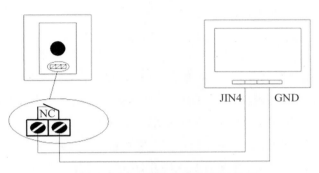

▲ 图 4.2.19　紧急按钮接线示意图

通过上述操作可以完成各类探测器设备的安装与接线。

2. 室内机的安装与接线

（1）将 TO-4(1)处所有线缆穿过报警主机的挂板，并将挂板安装至 TO-4(1)的底盒上。

（2）在 TO-4(1)处找出超五类非屏蔽双绞线，按照 T568B 的标准用压线钳在线缆上压接水晶头。

（3）将报警主机背面 ALARM IN 输入排线拔下，按照报警主机端口示意图 4.2.20 与各探测器接线示意图进行接线操作。编号 B1-B4 和 B7-B10 为防区输入端口（也就是防区探测器接入端口）。

提示：

在接线过程中，应注意排线方向，以免对应的端口错位。

名称	编号	端口	说明
RS-485 通讯	A1	RS485B+	RS-485 通讯接口
	A2	RS485B-	
	A3	RS485A+	
	A4	RS485A-	
接地	A5	GND	信号接地
	A6	GND	信号接地
ALARM OUT（报警输出）	A7	COM1	报警继电器输出端口 1（干接点）
	A8	NO1	
	A9	COM2	报警继电器输出端口 2（干接点）
	A10	NO2	
ALARM IN（防区输入）	B1	JIN8	防区探测器接入端口 8
	B2	JIN7	防区探测器接入端口 7
	B3	JIN6	防区探测器接入端口 6
	B4	JIN5	防区探测器接入端口 5
	B5	GND	信号接地
	B6	GND	信号接地
	B7	JIN4	防区探测器接入端口 4
	B8	JIN3	防区探测器接入端口 3
	B9	JIN2	防区探测器接入端口 2
	B10	JIN1	防区探测器接入端口 1

▲ 图 4.2.20　报警主机端口示意图

想一想:

所有防区共用GND(接地端),B5、B6端口怎么分配比较合理?

　　(4) 接线过程中,每一个探测器(NO 或 NC)信号线单独接一路 JIN 端口(为了便于区分报警区域,每防区一般只接一个探测器),探测器的 GND 信号线共用报警主机的防区 GND 端(接地端)。

　　(5) 接线完成后,首先将排线插回报警主机背面,接着将网线插入报警主机网口,然后将所用线缆整理并盘入底盒,最后将报警主机固定在挂板上。

3. 住宅信息箱的线路连接与设备安装

　　(1) 在住宅信息箱里,找出报警主机的超五类非屏蔽双绞线,按照 T568B 的标准用压线钳在线缆上压接水晶头,并将制作好的网线接入数字解码器。

　　(2) 将燃气烟气探测器、红外探测器的电源线分别接入 12 V 电源的 V+、V-接线孔中。

　　这样就完成了智能安防报警系统的安装和接线工作。

活动四　视频监控系统调试

操作要领

1. 设备上电

打开 PoE 交换机和 NVR 电源,给整个系统上电。上电后,需要检查各设备的上电情况,确保各设备运行正常。

提示:

如果上电后出现设备故障,应及时断电,再检查故障原因。

2. 激活网络硬盘录像机(NVR)

　　(1) 打开 NVR 设备电源后,设备开始启动,弹出"开机"界面。(如图 4.2.21 所示)

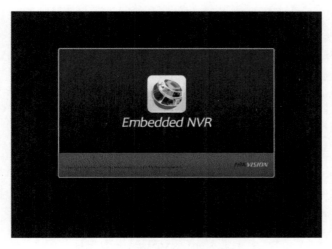

▲ 图 4.2.21　NVR 启动界面

注意事项

（1）有些型号的 NVR 设备带电源开关键,插上电源后还需要打开后面板上的电源开关。

（2）设备启动后,电源指示灯呈绿色或红色。

（2）设备开机后即弹出激活界面。（如图 4.2.22 所示）

提示:

首次使用的设备必须先激活,并设置一个登录密码,才能正常登录和使用。

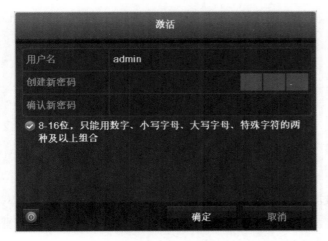

▲ 图 4.2.22　NVR 激活界面

（3）创建设备登录密码。（如图 4.2.23 所示）

提示:

切记密码不能遗忘!

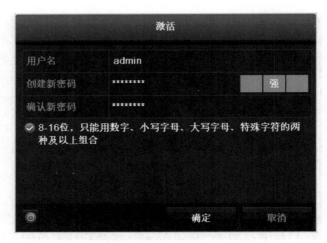

▲ 图 4.2.23　NVR登录密码设置

注意事项

（1）密码由 8—16 位数字、小写字母、大写字母或特殊字符的两种及以上组合而成。

（2）密码分为弱、中、强 3 个等级。为保护个人隐私和企业数据，避免发生设备的网络安全问题，需设置符合安全规范的高强度密码（包含所有种类的字符，即数字、小写字母、大写字母或特殊字符）。

（4）单击"确定"，弹出激活成功提示界面。（如图 4.2.24 所示）

提示:

设备激活后，进入设置解锁图案界面，可设置 admin 用户快速解锁的图案，实现快速登录。具体操作，详见设备操作说明书。

▲ 图 4.2.24　激活成功

3. 通过开机向导完成 NVR 配置

激活设备以后，可以选择绘制解锁图案或切换用户方式，登录进入主机，第一次登录会进入开机向导。

（1）设置显示器分辨率。（如图 4.2.25 所示）

（2）如图 4.2.26 所示，不勾选"设备启动时是否开启向导"，单击"下一步"后，可选择修改管理员密码。（不修改，可直接单击"下一步"）

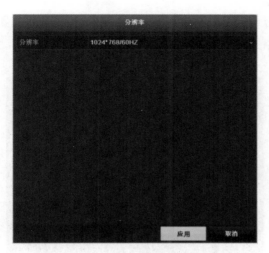

▲ 图 4.2.25　设置显示器分辨率

提示:

如果需要跳过向导,直接单击"退出",在弹出"确定要退出开机向导吗"的对话框中单击"是"即可。

提示:

实训过程中扫描此软件界面中的二维码,可将设备加入到萤石云中,实现手机远程监控的功能。

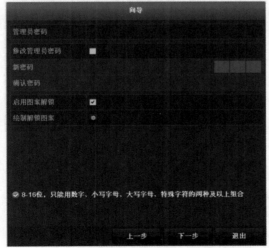

▲ 图 4.2.26　开机向导

提示:

输入密码时,检查大小写键是否开启。

（3）完成密码配置后单击"下一步"，进行系统时间配置，设置所在"时区""日期显示格式""系统日期""系统时间"。（如图 4.2.27 所示）

▲ 图 4.2.27　设备时间设置

（4）完成系统时间配置后，单击"下一步"，进行网络配置，设置"网卡类型""IPv4 地址""IPv4 默认网关"等网络参数。（如图 4.2.28 所示）

提示：

IPv4 默认网关地址应指向该监控网络的路由器 IP 地址。

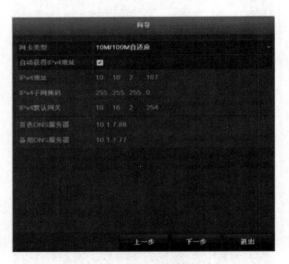

▲ 图 4.2.28　网络参数配置

想一想：

如果 IP 摄像机与 NVR 不在同一个网段，该如何处理？

注意事项

网络摄像机与 NVR 应处于同一网络中。

（5）完成系统网络参数配置后，单击"下一步"，进行平台配置，选择接入平台类型并设置相关参数。（如图 4.2.29 所示）

▲ 图 4.2.29　接入平台参数配置

（6）完成平台参数配置后，单击"下一步"，进行快捷上网配置，设置"端口""UPnP""DDNS"等参数。（如图 4.2.30 所示）

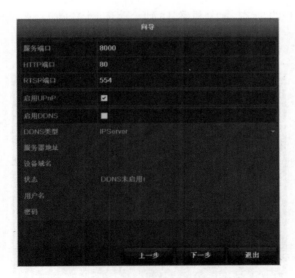

▲ 图 4.2.30　快捷上网配置

（7）完成快捷上网配置后，单击"下一步"，进行硬盘初始化配置，选择需要初始化的硬盘，单击"初始化"，进入硬盘初始化界面，完成初始化操作后，单击"确定"，返回向导界面。（如图 4.2.31 所示）

提示：

由于各个平台参数不同，该项配置需按平台提供的参数进行。

提示：

点击"初始化"后，硬盘将会被格式化，操作之前确保硬盘内数据备份完成。

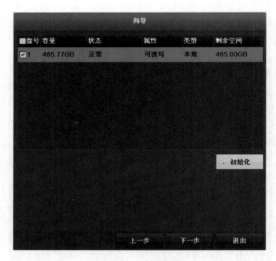

▲ 图 4.2.31　硬盘初始化

（8）添加并激活 IP 摄像机。完成硬盘初始化配置后，单击"下一步"，进行快速添加 IP 通道（添加 IP 摄像机）操作，进入该界面以后，设备会自动搜索同网段下支持 SADP 协议或 ONVIF 协议的 IP 设备，通过单击"一键激活"，可将列表中的所有 IP 设备通过一个密码进行激活，也可以单独对某个 IP 设备进行激活。如需要添加 IP 设备，单击"添加"。通过这个操作，就可以将系统中的所有摄像机添加到 NVR 网络硬盘录像机中。（如图 4.2.32 所示）

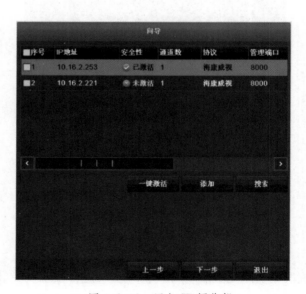

▲ 图 4.2.32　添加 IP 摄像机

所有 IP 摄像机都应拥有本网段独立的 IP 地址，并保证其唯一性，防止地址冲突。

（9）完成快速添加 IP 通道（添加 IP 摄像机）配置后，单击"下一步"，进行录像配置（如图 4.2.33 所示），在该页面中，选择"开启所有通道全天定时录像""开启所有通道全天移动侦测录像"。

查一查：

NVR 还有哪些功能？

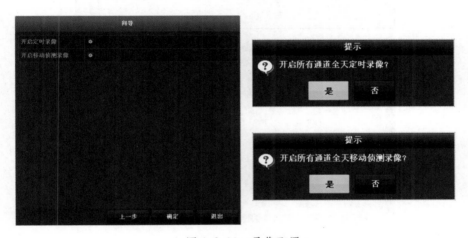

▲ 图 4.2.33　录像配置

（10）单击"确定"，完成开机向导配置，这时视频监控系统就能正常运行了。

活动五　智能安防报警系统配置及布撤防

操作要领

1. 设备上电

打开数字解码器和 12 V 直流电源，给整个系统上电。上电后，需要检查各设备的上电情况，确保各设备运行正常。

2. 防区参数设置

在设备安装与接线完成后，根据探测器类型、信号线接线情况及探测器信号类型正确设置防区参数。比如：燃气烟气信号线连接在 JIN2 端口上（说明该探测器位于防区 2），信号类型为 NO 信号，那么防区 2 参数设置步骤如下：

提示：

上电后，设备的安全检查一定不能疏忽。

（1）点击"设置"，在设置→防区设置路径下，进入防区设置界面。（如图 4.2.34 所示）

▲ 图 4.2.34　防区设置

（2）如图 4.2.35 所示，单击防区 2 信息，打开编辑防区窗口。设置防区类型为气感，报警类型为 24 小时报警，信号类型为常开，进入延时、退出延时为 0 s。

▲ 图 4.2.35　编辑防区

最后,点击 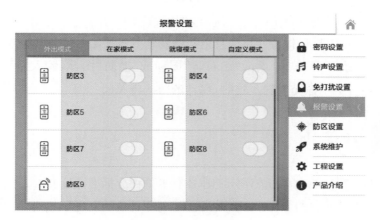 图标使已编辑的防区信息生效。

(3)根据上述步骤正确配置其余的防区参数。

3. 报警参数设置

在设置→报警设置路径下,进入报警设置界面,进行报警参数设置。在报警设置界面,可以针对不同情景模式(外出模式、在家模式、就寝模式、自定义模式),进行开启或关闭各个防区操作。(如图 4.2.36 所示)

议一议:

不同情景模式之间的区别是什么?

▲ 图 4.2.36 报警设置

4. 安防情景应用

(1)当防区相应参数都设置完毕后,就可以使用各类安防情景模式。比如:当需要离开家时,用户就可以在室内机主界面上点击"布防"图标,进入布防操作界面。(如图 4.2.37 所示)

查一查:

不同类型防区之间的区别。

▲ 图 4.2.37 安防情景

一般情况下,防区不布防时,是不会启动报警功能的(类型为 24 小时防区除外)。

(2)在布防操作界面,选择外出情景或点击"布防"图标,输入布防密码后,室内机语音提示布防成功。这时,外出情景中的防区将启动,一旦触发报警事件,室内机将报警并将信息上报给物业管理中心。

(3)当用户回家后,点击"已布防"图标或"撤防"图标,输入撤防密码,室内机语音提示撤防成功。这时,启动的防区将关闭。

总结评价

依据世界技能大赛相关评分细则,本任务的评分标准详见表 4.2.6。其中,M 类是指技术评价的客观分,J 类是指过程、结果评价的主观分,总分为 10 分。

▲ 表 4.2.6　评分标准

评分类型	评分指标	评价标准	分值	得分
M1	半球摄像机安装	使用支架安装位置正确,电源指示灯必须朝向工位正前方,安装水平牢固,误差为 ±1cm,用标签扎带做好标签,网络接口用防水接头做好防水	0.5	
		电源选择正确,接线正确,安装水平牢固,电源接口用绝缘胶布做好防水,并放在支架内,接头没外露	0.5	
M2	网络硬盘录像机安装	正确安装监控硬盘	0.5	
		跳线连接正确	0.5	
M3	各类探测器安装	安装位置正确,水平牢固	0.5	
		线缆安装正确,接头位置没有露铜,接线的部分必须用绝缘胶布做好绝缘,不用的线束也要用绝缘胶布做好绝缘处理	0.5	
M4	室内主机安装	安装支架没有变形,安装位置正确,水平牢固	0.5	
		线缆安装正确,接头位置没有露铜,接线的部分必须用绝缘胶布做好绝缘,不用的线束也要用绝缘胶布做好绝缘处理	0.5	

续表

评分类型	评分指标	评价标准	分值	得分
M5	信息箱整理	对线缆进行了整理,排线整齐无串绕,尽量将强弱电分离	0.5	
		线缆处理符合规范要求,标志齐全、规范	0.5	
M6	智能安防系统配置	能正确激活摄像机、NVR与报警主机,设置的用户名和密码正确	1	
		能正确配置NVR,在监控屏幕上能显示实时监控画面,并能回放、查询监控图像	1	
		设置紧急按钮防区正确,并且在所有报警模式下都有效	0.5	
		设置红外探测器、门磁探测器、紧急按钮、燃气烟气探测器的防区正确,并且设置参数正确	0.5	
J1	整顿素质	在实训开始之前,能充分准备好实训材料、工具;在实训过程中,能时刻保持工作区域的整齐、整洁;在实训完成时,能保持工具归位,剩余材料整理到位	1	
J2	安全文明	能在实训全程按照要求穿电工服、电工鞋,且在端接过程中佩戴护目镜、防护手套,不出现安全违规操作	1	
	总分		10	

想一想:

评分标准中,哪些要点是在实训操作中必须注意的?

请你对照智能安防报警与监控系统安装与调试任务的评价表,对自己的系统安装和调试工程进行评分。结合教师的评价分析自己在安装和调试过程中出现的问题,精益求精,严格要求自己,并做好总结报告。

拓展学习

家庭智能安防系统发展趋势

随着人们生活水平的提高和网络的普及,安全防护越来越深入人心。尤其是近几年信息技术的发展和人们居住环境的改善,促使人们对家庭安全防范的意识得到空前强化。家庭网络视频监控,凭借着技术上与IP网络的无缝兼容以及所提供的远程实时视频处理能力和其他网络应用,一出现就以每年40%的增长速度迅速成为市场增长很快的一个产品,其市场需求

查一查:

新型家庭智能安防系统与传统安防系统的区别有哪些?

不可限量。

讨论:

智能安防系统的
优点有哪些?

随着经济的快速发展,人们生活节奏越来越快,照顾和了解家中情况的时间也将越来越少。不过,现代科技的高速发展,正使得远程照顾小孩和家庭宠物、实时监控家中情况等成为一种可能。人们可以在繁忙工作或者外出旅行的同时,远程了解自己家中的情况,并根据情况及时作出分析与判断。在这种情况下,家庭监控网络摄像机的应用就显得尤为迫切了。

现今,家庭监控技术已经利用网络技术将安装在家内的视频、音频、报警等监控系统连接起来,通过中控电脑的处理将有用信息保存并发送到其他数据终端,如手机、笔记本、110 报警中心、BSV 液晶拼接屏、监视器等。

思考与训练

1. 网络摄像机的安装方式有几种? 运用场景有哪些?

2. 请你思考一下,防区类型有几种? 它们的作用是什么? 我们如何确定防区类型?

3. 技能训练:在此次任务中,我们只实现了智能安防与监控系统的一些基本功能,请你根据官方指导资料实现更多应用(比如:移动侦测、安防系统联动报警等),以完善系统功能。

模块五
信息网络布线项目管理

信息网络布线被普遍认为是设备的集成和信息的共享,在智能大厦的一体化建设和管理中发挥着重大作用,可以说,没有信息网络布线就没有智能化可言。智能建筑内的各个系统都不是完全独立的,各个系统通过计算机通信网络连接在一起,互相交换数据,共同管理大楼。那么,要为一座大楼建设信息网络布线系统,完整的流程是怎样的呢?

某公司计划迁移至新的办公场地,并设立一幢员工公寓楼,需要对新的企业办公大楼与员工公寓楼进行信息网络布线。新办公大楼布线图如图 5.0.1 所示,员工公寓楼布线图如图 5.0.2 所示。作为项目负责人,你需要完成需求分析、方案设计、组织施工管理和竣工验收的全流程。

查一查:

信息网络布线在智能化建筑中有哪些应用?

想一想:

一个信息网络布线系统的项目应该包括哪些流程?

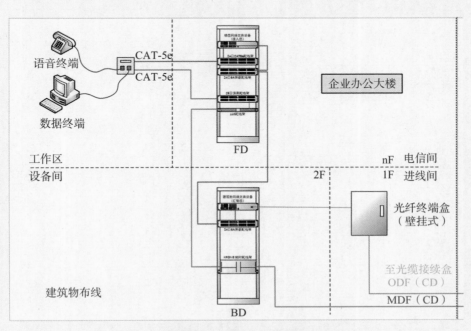

▲ 图 5.0.1 新办公大楼布线

想一想：

办公大楼的布线系统和员工公寓楼的布线系统有什么不同？

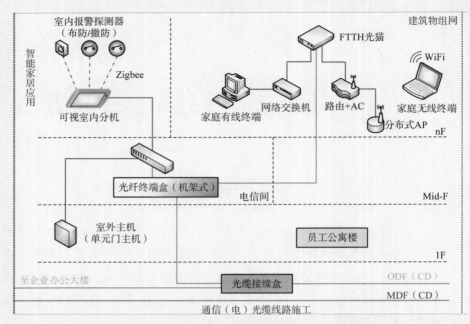

▲ 图 5.0.2　员工公寓楼布线

任务一　项目需求分析

学习目标

- 能根据项目需求与客户进行有效沟通，与团队成员进行口头和书面交流；
- 能根据项目需求确定信息点位置和数量，并合理分配；
- 能根据项目需求完成项目需求分析文件；
- 养成目标明确、严谨细致的良好工作习惯；培育和弘扬耐心、坚持、团队合作的工匠精神。

情景任务

在此信息网络布线项目中，新的企业办公大楼租用了 3 个楼层，建筑面积约 1275 m²，一楼层高 5.5 m，二楼与三楼层高 3.5 m，每个楼层计划有三个办公室区域。具体分布如下：为便于货物的销售，仓储物流部、生产调配部与销售部位于大楼 1 层，行政与人力资源部、IT 运维部与中心机房设备间位于大楼 2 层，而经理室、会议室和财务部则位于大楼 3 层。新办公大楼建筑布局如图 5.1.1 所示，与原址相比，新的办公场地可容纳更多的员工。

议一议：

新办公大楼的楼层功能划分有哪些要注意的事项？

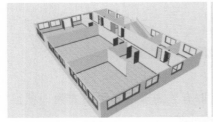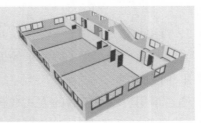

▲ 图 5.1.1 （a）新办公大楼 1 层建筑布局图 （b）新办公大楼 2、3 层建筑布局图

作为项目负责人，你需要对办公大楼三个楼层进行实地考察，与业主沟通，了解建筑结构、电力系统、中心机房位置、信息点数、信息点位置等，并估算大致费用，最终形成项目需求分析报告。

想一想：

项目需求分析前要做哪些准备？

一、 为什么要做项目需求分析

需求分析是项目建设的重要环节,在信息网络布线系统工程的规划和设计之前,必须对用户信息需求进行调查和预测,这也是建设规划、工程设计和以后维护管理的重要依据之一。

需求分析就是解决"做什么"的问题,全面理解客户的各项要求,并准确地表达所接受的用户需求,就系统的功能与客户达成一致,评估风险及项目预算,并最终形成设计方案。

二、 信息网络布线项目需求分析的要素

根据造价、建筑物距离和带宽要求,确定光缆的芯数和种类。

根据用户方建筑楼群间距离,马路隔离情况,电线杆、地沟和道路状况,确定光缆的敷设方式。

根据建筑楼的信息点的位置和数量,确定室内布线方式和配线间的位置。

一般情况下,企业办公大楼楼层房间区域内的 L 形桌面为管理座位,按照 2 组信息点配置;长方形桌面为普通办公座位,每个座位按照 1 组信息点配置;会议室按照 3 组信息点配置;设备间和电信间按照每个房间 1 组信息点配置。

选择布线方式时,当建筑物楼层较低、规模较小、点数不多时,只要所有的信息点距设备间的距离均在 90 m 以内,信息点布线可直通配线间;当建筑物楼层较高、规模较大、点数较多时,即有些信息点距主配线间的距离超过 90 m 时,可采用信息点到中间配线间、中间配线间到主配线间的分布式综合布线系统。

三、 需求分析的方法

1. 直接与用户交谈
直接与用户交谈是了解需求的最简单、最直接的方式。

2. 问卷调查
通过请用户填写问卷的方式来获取有关需求信息也不失为一项很好的选择,但最终还是要建立在沟通和交流的基础上。

3. 专家咨询
有些需求用户讲不清楚,分析人员又猜不透,这时需要请教专家。

4. 参考案例
有很多需求可能客户与分析人员想都没想过,或者想得太简单。因此,

查一查:

建筑楼群间光缆的敷设方式有哪几种?

议一议:

四种需求分析方法该如何选择?

要经常分析优秀的综合布线工程方案,看到了优点就尽可能吸取,看到了缺点就引以为戒。

四、 项目需求报告格式内容的要求

编写项目需求分析报告,应包括如下内容:

一是项目背景及概况。

二是网络现状分析。

三是项目需求分析(含用户对语音通信的要求,用户对计算机网络的需求,用户对楼宇自控、保安监控的需求,根据需要进行信息点的预留)。

四是项目建设建议。

活动一： 制作需求分析文件

操作要领

1. 确定项目名称

根据项目内容确定项目名称,例如"信息网络布线工程项目"。

2. 估算信息点的数量

根据图纸确定项目整体要求,估算信息点的数量,并自行记录。

想一想:

项目建设建议大致包括哪些内容?

想一想:

不同办公场景的信息点设置有什么不同?

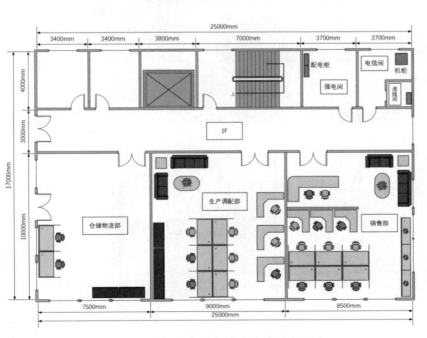

▲ 图 5.1.2　新办公大楼 1 层平面布局图

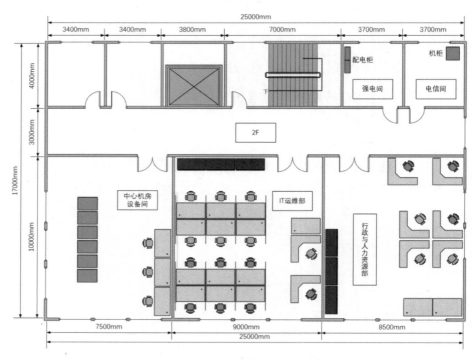

▲ 图 5.1.3 新办公大楼 2 层平面布局图

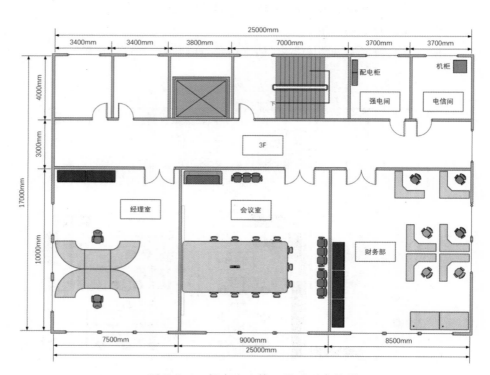

▲ 图 5.1.4 新办公大楼 3 层平面布局图

3. 确定信息点的位置

根据家具摆放确定信息点的位置，并绘制草图。如图 5.1.2、图 5.1.3、图 5.1.4 所示，目前新办公场地的家具摆放位置已经初步确定，其中现有员工的座位显示为红色，将来新进员工的位置显示为绿色。

注意事项

每个房间的内部均需要配置综合布线信息点，除下述标明的配置之外，其他位置也需合理安排综合布线信息点，例如视频监控、WiFi、AP 等信息点位。

4. 确定语音和数据端口

确定语音和数据端口的分配，完成记录。

注意事项

每组信息点包括 1 个语音信息点与 1 个数据信息点，每组的 2 个信息点安装于一块双口面板上。

5. 编写项目需求分析报告

在以上设计的基础上，与客户进行细节沟通，结合施工场所的建设图纸确定网络的物理拓扑结构、综合布线系统材料预算等。使用 Office 等办公软件，参照建筑模型立体图和项目说明，编写项目需求分析报告，以文件名"项目需求分析. doc"保存到指定文件夹。

总结评价

本任务的评分标准详见表 5.1.1。其中，M 类是指技术评价的客观分，J 类是指过程、结果评价的主观分，总分为 10 分。

画一画：

在新办公大楼各层平面图布局图上，合理标注信息点的位置。

提示：

针对双口信息面板统一规定：面对信息面板，左侧端口为语音端口，右侧端口为数据端口，数据端口与语音端口均使用数据模块端接。

▲ 表 5.1.1 评分标准

评价类型	评分指标	评价标准	分值	得分
M1	信息点数量	信息点数量满足项目整体需求,偏差范围为 ±3 个	1	
M2	信息点的位置	信息点的位置满足项目需求,选点合理	1	
M3	语音和数据端口分配	语音和数据端口分配合理、规范,满足项目需求	1	
J1	需求分析报告	需求分析报告思路清晰	1	
		需求分析报告结构完整	2	
		需求分析报告具有可行性	2.5	
		需求分析报告具有一致性和可管理性	1.5	
总分			10	

思考与训练

1. 在进行需求分析的时候,如果遇到与业主意见不一致,该如何与业主进行有效沟通?

想一想:

怎样才能将用户所说的内容转换为必要的技术参数?

2. 在项目需求分析过程中,希望实现的技术手段有时并不能满足现场实施的可行性,有哪些原因会导致这个情况发生?

3. 技能训练:你所在的教室将改造成商务楼的一间办公室,客户已经将图纸发送给你,如图 5.1.5 所示。现在请你准备一些问题,尽量多地获取用户的需求,明确该项目实施内容,并填写对话记录。

议一议:

将教室改造为办公室,需要考虑哪些设计要素?

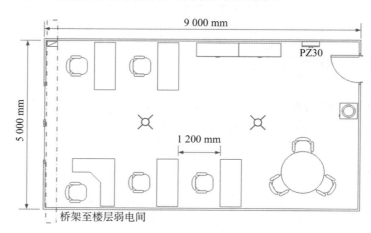

▲ 图 5.1.5 技能训练:商务楼办公室图纸

任务二 项目方案设计

学习目标

- 能根据客户需求和标准规范,制定合理的设计方案;
- 能根据项目需求和设计规范,编制信息点点数统计表、端口分配表和材料统计表;
- 能根据综合布线系统七大子系统,规划设计楼宇信息网络布线系统的系统图,并绘制施工图纸;
- 养成一丝不苟、规范严谨的良好工作习惯;培育和弘扬认真、尽职、尽责和追求突破的工匠精神。

情景任务

你已经对项目进行了前期的调研和需求分析,并形成了项目需求分析报告。接下来,你将进一步细化项目设计方案,完成光缆的设计与选型、综合大楼整体设计、网络布线系统图设计、信息点点数统计表编制、网络布线系统施工图设计,以及材料统计表的编制。

查一查:

我国信息网络布线设计的规范和标准有哪些?

思路与方法

一、 项目设计方案的组成要素

信息网络布线系统设计工作将直接指导后续的项目施工,系统设计的要素包括:确定主机房的位置、编写信息点位统计表、绘制布线系统原理图和施工图、设计逻辑链路、选择设备材料和进行工程报价。

查一查:

在布线系统行业中,工程报价主要有哪几种方式?

二、 主干线路选型

主干线路包括光缆/铜缆。在实际设计中,语音主干一般采用 3 类大对数电缆（25 对、50 对、100 对等）；数据主干可采用 4 对双绞线、5 类 25 对大对数电缆，但绝大多数工程采用光缆。根据类型，可采用单模与多模光缆。根据用户数量和带宽要求确定光缆芯数，最后具体选哪一种类型，需根据招标文件、技术交流会、答疑会等渠道获取的信息内容来选择。

三、 布线系统原理图设计

布线系统原理图（一般简称为系统图）可反映整个布线系统的基本情况。如光缆的数量、类别、路由，每根光缆的芯数；大对数电缆的数量、类别、路由；每楼层水平双绞线电缆的数量、类别、信息端口数；各配线架在建筑中的楼层位置，连接硬件的数量、类别。一般来说，需要根据选定的各种材料和逻辑链路关系以及招标文件、技术交流会、答疑会等渠道获取的信息内容做出系统图。

四、 设计施工深化图纸要注意的事项

想一想：

路由图设计要考虑哪些因素？

各种施工深化图纸是布线施工的前提，只有完成了这些图纸，布线项目才能得以实施。在工程实施中，路由是相当重要的一环，它好像人的骨干筋络系统一样遍布整个布线系统之中。路由主要包括水平线缆路由、垂直主干线缆路由、主配线位置、分配线位置、机房位置、机柜位置、大楼接入线路位置等。

想一想：

施工深化图纸与布线系统原理图有什么区别和联系？

接着，还得做出机房平面布置图，以显示机房中各布线机柜及其他网络设备机柜和综合布线线槽的位置布局等信息。其中，楼层配线间的平面布置图，用来查看布线机柜和主干、水平线槽的位置布局；机柜设备布局图，是为了显示各布线设备在机柜中的位置布局。当然，这些图有可能在施工时还会发生变化，因此，竣工图纸中，都需在原来的图纸基础上，根据修改的内容，做成最终版本的图纸。

▤ 活 动

活动一： 信息点点数统计表编制

操作要领

1. 为信息插座编号

议一议：

信息插座编号有哪些方式？要注意什么事项？

信息插座根据顺时针编号的原则，将每楼层数据信息点全部端接在 W1、W2 网络配线架上，从 W1 网络配线架 1 号口依次端接；将语音信息点全部端接在语音配线架上，从 Y1 网络配线架 1 号口依次端接。

2. 制作信息插座编号对照表

根据信息插座位置和编号，制作信息插座编号对照表。

3. 统计信息点点数

以房间为单位，统计并记录信息点点数，其中，语音和数据信息点需分别统计。

4. 完成信息点点数统计表

使用 Excel 软件做统计表，可参照但不限于表 5.2.1 的示例。

要求：项目名称正确、表格设计合理、信息点数量正确、日期说明完整，编制完成后文件保存到指定文件夹下，保存文件名为"信息点点数统计表"。

▲ 表 5.2.1 信息点点数统计表

项目名称：   建筑物编号：

楼层编号	信息点类别	房间序号				楼层信息点合计		信息点合计
		01	02	……	nn	数据	语音	
1层	数据							
	语音							
2层	数据							
	语音							
……	数据							
	语音							
N层	数据							
	语音							
信息点合计								

编制人签字：   审核人签字：   日期：   年 月 日

活动二： 信息网络布线系统图设计

操作要领

1. 为房间编号

按照房间编号从小到大、每个楼层从左至右的方式为房间合理编号，房间编号示例 XYY（X 表示楼层序号，YY 表示该层房间序号）；制作房间编号对照表。

2. 为机柜和配线架编号

每个楼层中电信间内的机柜为 42 U 国标机柜，为机柜和配线架编号，

想一想：

语音和数据信息点为什么要分别统计？

提示：

"信息点点数统计表"完成后，注意检查文件保存名称是否正确。

想一想：

为什么要为房间、机柜和配线架编号？

并制作机柜和配线架编号对照表。

3. 绘制 CD - TO 信息网络布线系统图

使用 Visio 或者 AutoCAD 软件绘制信息网络布线系统图，可参照但不限于图 5.2.1 的示例。

要求：概念清晰、图面布局合理、图形正确、符号及缆线类型标记清楚、连接关系合理、说明完整、标题栏合理（包括项目名称、图纸类别、编制人、审核人和日期），设计图以文件名"系统图. vsd/系统图. dwg"保存到指定文件夹，并生成一份 JPG 格式文件。要求生成的图片颜色与内容清晰且易于分辨。

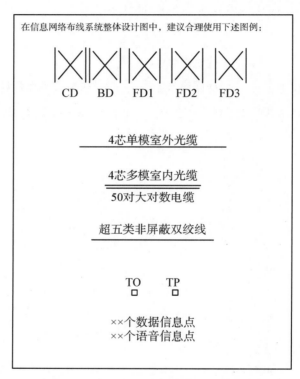

▲ 图 5.2.1　信息网络布线系统设计图图例

活动三：　信息点端口对应表编制

操作要领

1. 编制信息点端口对应表格式

使用 Excel 软件，参照表 5.2.2 的格式完成新办公大楼信息点端口对应表的格式编制。

信息点端口对应表的内容应包括机柜编号、配线架编号、配线架端口编号、信息点编号和信息点所在房间编号等。

议一议：

信息点端口对照表应该包括哪些要素？这些要素间有什么关系？

▲ 表 5.2.2　信息点端口对应表

项目名称：　　　　　　　建筑物编号：

序号	楼层机柜编号	配线架编号	配线架端口编号	信息点编号	房间编号
1					
2					
3					
……					

编制人签字：　　　审核人签字：　　　日期：　年　月　日

2. 准确填写信息点端口对应表中的内容

按信息点端口对应表的编号与编制规定进行填写。

注意事项

　　每个用户单位对该表中编号命名的要求不尽相同，因此对该表内容的编制规定需要提前与用户方进行确认。

想一想：

常规信息点端口对应表按照什么规定编号？

　　例如：第二层第 1 个数据信息点和语音信息点分别对应的信息点端口对应表编号分别为：FD2－W1－01－01D－201、FD2－W3－01－01Y－201。

活动四：　信息网络布线系统施工图设计

操作要领

（1）设计 FD-TO 布线路由。

（2）设计设备位置，要求尺寸正确。

（3）确定机柜和网络插座位置，要求规格正确。

（4）绘制新办公大楼信息网络布线系统施工图，要求使用 Visio 或者 AutoCAD 软件，图例如图 5.2.2 所示。

（5）合理布局图面。

（6）标注位置尺寸。

（7）完成标题栏，要求完整、准确。

　　要求：施工图中的文字、线条、尺寸、符号描述清晰完整。设计中突出对链路路由、信息点、楼层管理间机柜设置等信息的描述，针对水平配线桥架仅需考虑桥架路由及合理的桥架固定支撑点标注。标题栏合理（包括项

提示：

施工图设计完成后应仔细按照设计要求检查，特别注意应按要求的文件名保存。

目名称、图纸类别、编制人、审核人和日期）。设计图以文件名"施工图.vsd/施工图.dwg"保存到指定文件夹，且生成一份JPG格式文件。

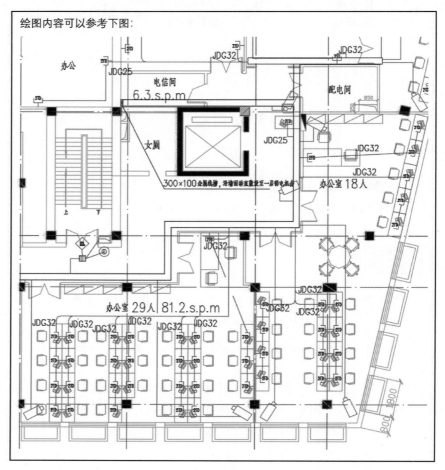

▲ 图5.2.2　信息网络布线系统施工图图例

活动五：　材料统计表编制

操作要领

（1）确定材料名称。

（2）确定材料规格型号。

（3）确定材料使用的数量和单位。

（4）编制新办公大楼的网络布线系统材料统计表。可参照但不限于表5.2.3的格式。

要求：材料名称和规格型号正确，数量符合实际并统计正确，辅料合适，日期说明完整。编制完成后文件保存到指定文件夹下，保存文件名为

"材料统计表"。

▲ 表 5.2.3　材料统计表

项目名称：　　　　　　建筑物编号：

序号	材料名称	材料规格型号	单位	数量
1				
2				
3				
……				

编制人签字：　　审核人签字：　　日期：　年　月　日

读一读：

电缆规格型号"RVVZ3 ＊ 35 mm² ＋1 ＊ 25 mm²"包含了哪些信息？

总结评价

本任务的评分标准详见表 5.2.4。其中，M 类是指技术评价的客观分，总分为 10 分。

想一想：

在制作材料统计表时，光缆材料是否需要预留？预留一般考虑哪些因素？

▲ 表 5.2.4　评分标准

评价类型	评分指标	评价标准	分值	得分
M1	信息点点数统计表编制	表格文件栏目完整，格式规范	0.5	
		项目名称、建筑物编号、编制人、审核人、日期等要素填写完整	0.5	
		信息点数量正确	0.5	
M2	网络布线系统图设计	概念清晰、图面布局合理、图形正确，生成 JPG 文件	1	
		符号及缆线类型标记清楚、连接关系合理、说明完整、标题栏合理	1	
M3	信息点端口对应表编制	表格文件栏目完整，格式规范	0.5	
		项目名称、建筑物编号、编制人、审核人、日期等要素填写完整	0.5	
		信息点端口分配合理，信息点编号正确	0.5	
M4	网络布线系统施工图设计	房间数量描述及标注准确，面积标注正确	0.5	
		信息点、桥架、暗管、机柜位置正确；图形符号标识规范、说明清楚	1	

续表

评价类型	评分指标	评价标准	分值	得分
		链路路由、缆线类型标识、固定支撑点描述准确	0.5	
		施工图图例及施工说明完整规范,生成JPG文件	1	
		标题栏合理(包括项目名称、图纸类别、编制人、审核人和日期)	0.5	
M5	材料统计表编制	表格文件栏目完整,格式规范	0.5	
		项目名称、建筑物编号、编制人、审核人、日期等要素填写完整	0.5	
		材料名称和规格型号正确,数量符合实际并统计正确,辅料合适	0.5	
		总分	10	

 思考与训练

查一查:

信息网络布线工程报价的相关政策法规有哪些?

查一查:

在进行机柜安装时,一般要遵循哪些规范?

1. 以上所做的一切工作,其实都是为了工程报价表,所有工程报价要和客户的投资预算相符合。工程报价中应该注意哪些问题?

2. 设计工作完成后,要及时对文件进行归档,设计方案成档文件应包括哪些内容呢?

3. 技能训练:请你构画出本任务中1层、2层和3层的电信间机柜安装示意图(立面图),并标注出必要的元素。

任务三　项目施工管理

学习目标

- 能选择合适的工具进行施工,安全操作;
- 能根据项目需求和工期计划制定施工计划;
- 能根据施工进度填写施工日志,对施工过程进行管理;
- 养成以始为终、做好计划的良好工作习惯,准确把握工作进度,定期反馈,及时纠偏;具备整体意识、责任意识和质量意识;培育和弘扬质量上追求完美、技术上追求极致的工匠精神。

情景任务

在前面的任务中,已经根据项目需求完成了项目方案设计,接下来将由工程技术人员进行项目施工。在本任务中,你负责对该信息网络布线项目进行施工管理。你需要对项目施工进行进度管理,制定项目施工计划;对项目现场进行施工管理,填写项目施工日志;对项目施工进行过程管理,编制信息点端口对应表等。

思路与方法

一、 为什么要进行项目管理

信息网络布线是一个系统工程,要将布线设计方案最终在建筑中完美体现,其中的工程组织和工程实施就是十分重要的环节。信息网络布线工程要求施工单位在施工中做好工程施工管理,即工程技术管理和工程质量管理。

施工管理要求达到两个目的:一是控制整个施工过程,确保每一道工序井井有条,工序与工序之间协调配合;二是密切掌握每天的工程进展和质量,发现问题及时纠正。为了实现这些目标,要落实全面质量管理的措施。只有通过严格的管理,才能做到工程质量可控、端接配件工艺完善、线路排列整齐划一。

议一议:

项目施工前要做好哪些准备?

查一查:

信息网络布线项目管理及施工的相关文件规范。

二、 项目施工计划的内容

施工进度计划是施工组织设计的关键内容,是控制工程施工进度和工程施工期限等各项施工活动的依据。施工进度计划是否合理,将直接影响施工速度、成本和质量。因此,施工组织设计的一切工作都要以施工进度为中心来安排。项目施工计划包括以下内容:

（1）施工基本情况。主要包括内容、完成期限、达标要求,并将其下达施工任务单位。

（2）施工计划。一是确定施工的几个阶段,布置任务,明确职责;二是拟定施工进度时间表、责任人,以及面对可能发生的情况做好几种预案。

（3）保障措施。根据工程情况向上级提出一定的要求,从而保证施工顺利完成。

三、 项目施工日志的要素

施工日志的要素可分为五类:基本内容、工作内容、检验内容、检查内容、其他内容。

（1）基本内容。主要包括:日期、星期、气象、平均温度;施工部位;出勤人数、操作负责人。

（2）工作内容。主要包括:当日施工内容及实际完成情况;施工现场有关会议的主要内容;有关领导、主管部门或各种检查组对工程施工技术、质量、安全方面的检查意见和决定;建设单位、监理单位对工程施工提出的技术、质量要求、意见及采纳实施情况。

（3）检验内容。主要包括:隐蔽工程验收情况;试块制作情况;材料进场、送检情况。

（4）检查内容。主要包括:质量检查情况;安全检查情况及安全隐患处理(纠正)情况;其他检查情况等。

（5）其他内容。主要包括:设计变更、技术核定通知及执行情况;施工任务交底、技术交底、安全技术交底情况;停电、停水、停工情况;施工机械故障及处理情况;冬雨季施工准备及措施执行情况;施工中涉及到的特殊措施和施工方法,新技术、新材料的推广使用情况。

活动一: 编制项目施工计划

操作要领

（1）根据设计方案确定施工项目范围。

想一想:

项目施工计划编制有哪些方法?

议一议:

项目施工日志应该由什么人填写?填写时有哪些要注意的事项?

（2）确定施工项目工程量。识读施工图纸和项目说明，完成施工工程量统计。

（3）估算施工项目完成时间。一般信息网络布线的项目时间估算以天为单位。

（4）制作施工横道图。使用 Excel 软件，参照图 5.3.1 所示的模板，用横道图绘制项目施工计划图。在表示总进度计划时，项目可按施工方案所确定的工序排列。

提示：

对工程项目的工作结构进行分解，综合考虑工程各工序的开始和完成时间及相互搭接关系。

施工横道图

序号	项目名称	3	6	9	12	15	18	21	24	27	30	33	36	39	42	45	48	51	54	57	60	63	66	69	72	75	78	81	84	87	90
1	施工准备																														
2																															
3																															
4																															
5																															
6																															
7	竣工结尾																														

本工程总工期：90日历天

▲ 图 5.3.1　施工横道图图例

活动二：　施工日志的制作

操作要领

1. 制作施工日志表格

施工日志表格，可参考但不限于表 5.3.1 的示例。根据项目具体情况，应包括：日期、当日施工进度、施工进度细则、施工问题、解决方案等。

▲ 表 5.3.1　信息网络布线工程施工日志

项目名称：　　　　　建筑物编号：

项目 / 日期	当日施工进度	施工进度细则	施工问题	问题解决方案

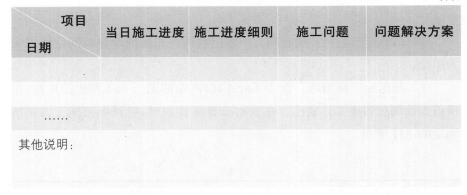

续表

想一想：

在施工中，遇到施工进度明显偏差，应该如何处理？

日期 ＼ 项目	当日施工进度	施工进度细则	施工问题	问题解决方案
……				
其他说明：				

编制人签字：　　　　审核人签字：　　　　日期：　　年　月　日

2. 组织施工

按照施工计划，组织工程技术人员开展项目施工。

3. 填写施工日志

根据项目具体情况，建议每半天记录一次，直至施工完成。

 **总结评价**

本任务的评分标准详见表 5.3.2。其中，M 类是指技术评价的客观分，总分为 10 分。

▲ 表 5.3.2　评分标准

评价类型	评分指标	评价标准	分值	得分
M1	项目施工计划编制	项目名称、建筑物编号、编制人、审核人、日期等要素填写完整	1	
		施工流程完整	1	
		进度计划合理	1	
		横道图清晰完整	1	
M2	施工日志管理	项目名称、建筑物编号、编制人、审核人、日期等要素填写完整	1	
		按时填写	1	
		内容真实完整，语言规范，记录详细	3	
		用黑色水笔填写，无涂改	1	
		总分	10	

思考与训练

1. 信息网络布线项目的全面施工管理,还应该包括哪些方面?

2. 项目质量、项目进度与项目成本之间存在什么关系? 请你举一个例子进行说明。

3. 技能训练:你已经学会使用 Microsoft Excel 软件进行项目施工计划的编制,请你使用 Microsoft Project 软件对该施工计划进行重制,并写出这两个软件的使用感受,包括但不限于各自的优势与缺点。

想一想:

如何在保证成本和质量的前提下,实施项目进度管理?

任务四　项目验收

学习目标

- 能够进行测试数据结果管理;
- 能够按照国家标准进行工程验收;
- 能够进行结项汇报并准确回答提问;
- 养成积极沟通、总结反思、持续改进的良好工作习惯;培育和弘扬细节上坚守、态度上严谨的工匠精神,以及凝神聚力、追求极致的职业品质。

情景任务

议一议:

在什么情况下可以进行项目验收?

经过前期的需求分析、方案设计、项目施工及管理,项目已经完成。在本任务中,请你按照信息网络布线竣工验收的要求,对项目进行验收。

思路与方法

一、 为什么要进行项目验收

查一查:

信息网络布线工程验收主要依据哪些原则?

项目的验收工作对保证工程的质量起重要的作用,也是工程质量的四大要素即"产品、设计、施工、验收"的一个组成内容。一般信息网络布线系统工程完工后,尚未进入电话、计算机或其他弱电系统的运行阶段,应先期对综合布线系统进行竣工验收,其验收的依据是在初验的基础上,对综合布线系统各项检测指标认真考核审查。如果全部合格,且全部竣工图纸资料等文档齐全,也可对综合布线系统进行单项竣工验收。

项目验收阶段要进行详细规范的工程检查,主要包括:环境检查、器材检查、设备安装检查、线缆的敷设及保护方式检查、线缆端接检查、工程电气测试,以及各项文档的验收。那么,验收的文档资料包括哪些呢? 有什么具体要求呢?

二、 项目验收的流程

（1）项目自查和初验。根据项目设计方案对信息网络布线系统工程基本功能进行验证,自查各项技术指标是否满足设计要求并做好记录。对于铜缆布线和光缆布线系统,要求利用专业测试工具获取缆线的主要电气性能、光缆的光学传输特性等数据,对各类链路情况进行认证测试。此外,还要检查工程的主要安装工程量,如主干布线的缆线规格和长度,设备、机架和主要部件的数量等。

（2）核查竣工资料,编制项目竣工文档。

（3）竣工验收。自查和初验合格并且竣工文档准备就绪,则可提交竣工验收申请书,进行竣工验收。

（4）项目验收汇报。

（5）归档验收文档。

想一想:

项目自查和初验的目的是什么? 主要自查哪些内容?

三、 竣工资料

（1）竣工图纸。

（2）设备材料进场检验记录及开箱检验记录。

（3）系统中文检测报告及中文测试记录。

（4）工程变更记录及工程洽商记录（如有）。

（5）随工验收记录,分项工程质量验收记录（如有）。

（6）隐蔽工程验收记录及签证。

（7）培训记录及培训资料（如有）。

想一想:

竣工图纸和施工图纸有什么区别?

四、 如何核查竣工资料

从类别的角度进行核查,包括需要归档的文本、图纸、照片、拍摄的视音频等多种形式,检查有无缺失。

从项目过程的角度进行核查,包括项目的提出、调研、可行性研究、评估、决策、计划、勘测、设计、施工、测试、竣工的工作中形成的文件材料。其中,竣工图纸是工程使用单位长期保存的技术档案,因此必须做到准确、完整、真实,必须符合长期保存的归档要求。

竣工图纸必须做到与竣工的工程实际情况完全符合,规格统一,字迹清晰,符合归档要求,并且必须经过施工单位的主要技术负责人审核、签认。

活动一： 初验

操作要领

1. 功能和材料验证

根据项目设计方案，对信息网络布线系统工程的基本功能、项目工程量和设备材料进行验证。

2. 铜缆布线认证

借助专业测试仪对施工网络的铜缆布线进行认证测试，对各类链路情况进行认证测试。

查一查：

我国布线认证测试使用哪个标准？

3. 完成铜缆测试报告汇总表

汇总测试数据，完成铜缆测试报告汇总表，汇总表关键要素如图 5.4.1 所示。

电缆识别名	总结果	测试限	长度	余量	日期 / 时间
AP-KU-1	通过	TIA Cat 6 Perm. Link (+PoE)	10.1 m	6.1 dB (NEXT)	07/30/2020 17:56
AP-KU-2	通过	TIA Cat 6 Perm. Link (+PoE)	10.1 m	7.2 dB (NEXT)	07/30/2020 17:57
AP1-1	通过	TIA Cat 6 Perm. Link (+PoE)	34.3 m	2.1 dB (NEXT)	07/30/2020 17:37
AP1-2	通过	TIA Cat 6 Perm. Link (+PoE)	34.3 m	6.9 dB (NEXT)	07/30/2020 17:37
AP3-1	失败	TIA Cat 6 Channel (+PoE)	27.1 m	7.5 dB (NEXT)	07/30/2020 17:30
AP3-2	失败	TIA Cat 6 Channel (+PoE)	27.3 m	8.0 dB (NEXT)	07/30/2020 17:31
D01	通过	TIA Cat 6 Perm. Link	14.3 m	5.5 dB (NEXT)	07/30/2020 17:22
D02	通过	TIA Cat 6 Perm. Link	14.3 m	6.8 dB (NEXT)	07/30/2020 17:23
D03	通过	TIA Cat 6 Perm. Link	14.5 m	3.3 dB (NEXT)	07/30/2020 17:23
D04	通过	TIA Cat 6 Perm. Link	14.5 m	2.5 dB (NEXT)	07/30/2020 17:23
D05	通过*	TIA Cat 6 Perm. Link	13.7 m	0.7 dB (NEXT)	07/30/2020 17:24
D06	通过	TIA Cat 6 Perm. Link	13.4 m	2.6 dB (NEXT)	07/30/2020 17:25
D07	通过	TIA Cat 6 Perm. Link	13.9 m	8.1 dB (NEXT)	07/30/2020 17:25
D08	通过	TIA Cat 6 Perm. Link	13.9 m	5.7 dB (NEXT)	07/30/2020 17:26

▲ 图 5.4.1　铜缆测试报告汇总表

想一想：

导出测试报告时要注意什么事项？

4. 形成铜缆测试报告

使用专业软件输出铜缆测试报告，测试报告样例如图 5.4.2 所示。

5. 光缆认证测试

借助专业测试仪对光缆线路进行一级认证测试，其目的是要了解光信号在光纤链路上的传输损耗情况，以便进一步提高传输质量。

6. 完成光缆测试报告汇总表

完成光缆测试报告汇总表，汇总表关键要素如图 5.4.3 所示。

7. 形成光缆认证测试报告

完成一级光缆认证测试报告，测试报告样例如图 5.4.4 所示。

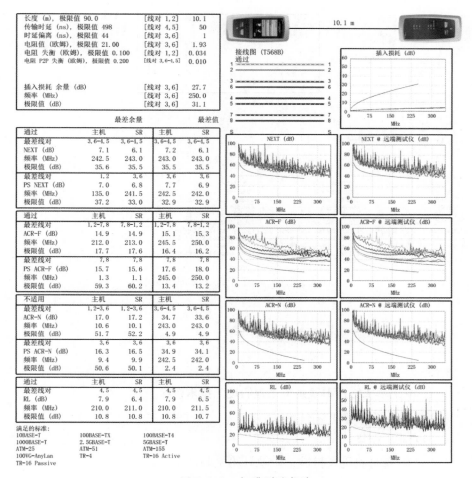

说一说：

双绞线测试的主要参数有哪些？

想一想：

光缆插入损耗指的是什么？插入损耗的大小受哪些因素影响？

▲ 图 5.4.2　铜缆测试报告

电缆识别名	总结果	测试限	长度	余量	日期／时间
28C	通过	TIA-568.3-D Multimode	3.0 m	0.54 dB（损耗余量）	03/21/2017 02:41 PM
28D	通过	TIA-568.3-D Multimode	3.0 m	0.52 dB（损耗余量）	03/21/2017 02:41 PM
28E	失败	TIA-568.3-D Singlemode ISP	-2.2 m	1.09 dB（损耗余量）	03/21/2017 03:27 PM
28F	失败	TIA-568.3-D Singlemode ISP	-2.2 m	1.74 dB（损耗余量）	03/21/2017 03:27 PM
28G	通过	TIA-568.3-D Singlemode ISP	3.2 m	0.81 dB（损耗余量）	03/21/2017 03:35 PM
28H	通过	TIA-568.3-D Singlemode ISP	3.2 m	0.99 dB（损耗余量）	03/21/2017 03:35 PM
TRC20170321:14:35:23.01	不适用	TRC Limit	3.0 m	0.48 dB（损耗余量）	03/21/2017 02:35 PM
TRC20170321:14:35:23.02	不适用	TRC Limit	3.0 m	0.08 dB（损耗余量）	03/21/2017 02:35 PM
TRC20170321:14:41:40.01	不适用	TRC Limit	3.0 m	0.09 dB（损耗余量）	03/21/2017 02:41 PM
TRC20170321:14:41:40.02	不适用	TRC Limit	3.0 m	0.07 dB（损耗余量）	03/21/2017 02:41 PM
TRC20170321:14:58:56.01	不适用	TRC Limit	4.9 m	0.06 dB（损耗余量）	03/21/2017 02:58 PM

▲ 图 5.4.3　光缆测试报告汇总表

损耗（M->R）
通过
测试限: TIA-568.3-D Multimode
测试限版本: 5.0
日期 / 时间: 03/21/2017 02:41:55 PM
操作人员: ZHANG
主测试仪: Versiv
  序列号: 2188239
  软件版本: V5.0 Build 3
模块: CertiFiber Pro (CFP-QUAD)
  序列号: 2485005
  校准日期: 07/31/2013
远端测试仪: Versiv
  序列号: 2435108
  软件版本: V5.0 Build 3
模块: CertiFiber Pro Remote (CFP-QUAD)
  序列号: 2486010
  校准日期: 07/26/2013

传输时延 (ns)		15	
长度 m		3.0	通过
极限值 2000.0			
		850 nm	1300 nm
结果		通过	通过
损耗 (dB)		0.07	0.08
极限值 (dB)		0.61	0.60
余量 (dB)		0.54	0.52
参考 (dBm)		-23.52	-22.96

转换器数目: 2
熔接点数目: 0
连接器类型: LC
跳接长度1 (m): 2.0
基准日期: 03/21/2017 02:40:15 PM
1个跳接

满足的标准:
10/100BASE-SX	1000BASE-LX	1000BASE-SX
100BASE-FX	100GBASE-SR10	100GBASE-SR4
10BASE-FL	10GBASE-LRM	10GBASE-LX4
10GBASE-SR	40GBASE-SR4	ATM155
ATM155SWL	ATM52	ATM622 Fiber Optic
ATM622SWL Fiber Optic	FDDI Fiber Optic	Fibre Channel 100-M5-SN-I
Fibre Channel 100-M5E-SN-I	Fibre Channel 1200-M5-SN-I	Fibre Channel 1200-M5E-SN-I
Fibre Channel 133	Fibre Channel 1600-M5-SN-S	Fibre Channel 1600-M5E-SN-I
Fibre Channel 200-M5-SN-I	Fibre Channel 200-M5E-SN-I	Fibre Channel 266
Fibre Channel 266SWL	Fibre Channel 400-M5-SN-I	Fibre Channel 400-M5E-SN-I
Fibre Channel 800-M5-SN-S	Fibre Channel 800-M5E-SN-I	

▲ 图 5.4.4 一级光缆认证测试报告

活动二：编制竣工文档

想一想:

为什么要编制竣
工文档?

操作要领

1. 收集本次综合布线系统工程的竣工技术资料

资料应包括下列内容：

（1）竣工图纸。

（2）设备材料进场检验记录及开箱检验记录。

（3）系统中文检测报告及中文测试记录。

（4）工程变更记录及工程洽商记录（如有）。

（5）随工验收记录，分项工程质量验收记录（如有）。

（6）隐蔽工程验收记录及签证。

（7）培训记录及培训资料（如有）。

查一查:

可以从哪些角度
对竣工文档进行
核查?

2. 核查数据准确性

对竣工资料进行仔细核查，并从多个角度进行交叉检查。

3. 提交竣工文档

施工单位应在工程验收之前，将工程竣工技术资料交给建设单位。

活动三：竣工验收

1. 编写项目验收申请书

可以参照但不限于表 5.4.1 所示的申请书样例。

想一想：

项目验收申请书
由哪一方向哪一
方申请？

▲ 表 5.4.1　项目验收申请书

项目名称	
甲方	乙方
项目经理(负责人)	申请验收日期
致：　　　　　(甲方)我方已按合同要求完成了施工,相关资料自检完整,经自检合格,请予以检查和验收。 　　　　　　　　　　　　　　　　　　　　　　　　乙方代表：	

2. 抽验布线系统

两个小组成员对已实施的信息点位进行相互抽验,并出具相应信息点位的测试报告。依据抽验结果,确定是否合格。未合格的小组,需要进行问题整改和再次抽验。

3. 编制验收报告

编制项目验收报告,包含但不限于如下要素：项目名称、项目编号、验收时间、开工日期、竣工日期、工程内容及范围、工程效果、质量评测及验收意见、建设单位与施工单位签字盖章等。

活动四：　项目验收汇报

操作要领

1. 制作项目结项汇报 PPT

使用 Powerpoint 软件编写项目结项汇报,包含但不限于如下要素：项目概况、项目背景、建设目标、建设内容、项目组织、总体架构、实施里程碑、关键技术介绍、关键和难点突破方法、文档分类总结、过程中的签字文件总结、系统效果展示、项目创新点以及后续计划等。(如图 5.4.5 所示)

想一想：

项目结项后续计
划应该包含哪些
要素？

> ## 后续工作计划

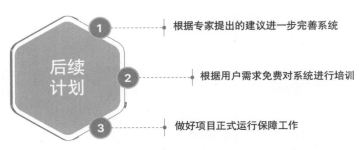

▲ 图 5.4.5　项目结项汇报后续计划

2. 答疑与签字

准确回答验收专家所提的问题，合理解释用户相关疑问，用户在验收报告上签字盖章。

3. 归档所有文件

查一查：

信息网络布线项目文件归档有什么规范？

根据项目要求，完成竣工文件汇总归档，包括项目需求分析报告、项目实施方案、网络布线系统图、信息点点数统计表、网络布线系统施工图、材料统计表、信息点端口对应表、施工工作计划、施工日志、铜缆测试报告、光缆测试报告等所有项目相关表格及技术文档的整理归档。

总结评价

本任务的评分标准详见表 5.4.2。其中，M 类是指技术评价的客观分，J 类是指过程、结果评价的主观分，总分为 10 分。

想一想：

OTDR 测试光缆分哪三种测试模型？

▲ 表 5.4.2　评分标准

评价类型	评分指标	评价标准	分值	得分
M1	铜缆布线认证测试	测试方法、测试标准选择正确	1	
		正确生成并存储测试报告	1	
M2	一级光缆认证测试	测试方法、测试标准选择正确	1	
		正确生成并存储测试报告	1	
M3	编制竣工文件	竣工文档资料完整	1	
		文件命名标注规范	1	
J1	项目验收汇报	汇报内容完整，PPT 美观	1	
		准确回答验收专家所提的问题，合理解释用户相关疑问	2	
		原始资料保存完整	1	
	总分		10	

思考与训练

1. 信息网络布线项目验收时，环境检查要特别注意哪些方面？

2. 请你想一想，设计图纸与竣工图纸有没有差别？如有差别，你的竣工图纸与设计图纸具体有哪些差别？

3. 技能训练：你作为验收人员，请按竣工图纸对施工方所交付的信息网络布线系统进行抽检，抽检时必须包括光缆和铜缆（按照国标要求比例不应低于 10％），数量至少各 1 根。请你按照已实施项目的实际情况，确定抽检的信息点编号，并出具相应的抽检报告。

想一想：

综合布线系统检测验收的依据是什么？有哪些需要注意的事项？

附件 《信息网络布线》职业能力结构

模块	任务	职业能力	主要知识
模块一 建筑物 布线	任务一 工作区子 系统安装	1. 能使用 RJ45 压接工具压接超五类跳线，并能使用验证测试仪进行验证测试 2. 能使用单对 110 型打线工具端接 RJ45 信息模块 3. 能在 86 型底盒中组装面板与 RJ45 信息模块 4. 能使用标签打印机制作信息点标识 5. 养成严谨细致、一丝不苟、精益求精的工匠精神，以及安全文明操作的良好工作习惯	1. 工作区配线设备的结构特点 2. 信息插座的结构特点 3. 网络跳线的结构特点 4. 网络跳线的色序排列方式
	任务二 配线子系 统缆线布 放（水平 布线）	1. 能使用多功能线槽剪等工具对 PVC 线槽进行安装 2. 能使用尼龙扎带等材料对配线子系统进行缆线布放与端接准备 3. 能使用标签打印机制作配线子系统线缆标签 4. 养成严谨细致、一丝不苟、精益求精的工匠精神，以及安全文明操作的良好工作习惯	1. 配线子系统的结构特点 2. 配线子系统的缆线布放方式 3. 配线子系统的传输介质类型 4. 管槽系统的组成要素
	任务三 干线子系 统缆线布 放（主干 布线）	1. 能根据国家标准完成干线子系统中各类干线电缆以及干线光缆布放 2. 能使用尼龙扎带等材料对干线子系统电缆进行缆线布放与端接准备 3. 能使用尼龙扎带等材料对干线子系统光缆进行缆线布放与端接准备 4. 能使用标签打印机制作干线子系统线缆标签 5. 养成严谨细致、一丝不苟、精益求精的工匠精神，以及安全文明操作的良好工作习惯	1. 干线子系统的结构特点 2. 干线子系统的缆线布放方法 3. 干线子系统传输介质的选型方法
	任务四 电信间 （FD）配线 设备安装	1. 能使用螺丝刀等工具安装机架型配线设备 2. 能使用 110 打线工具在电信间端接网络配线设备 3. 能使用 KRONE 打线工具在电信间端接语音配线设备 4. 能使用标签打印机制作机柜、配线架和线缆标识 5. 养成严谨细致、一丝不苟、精益求精的工匠精神，以及安全文明操作的良好工作习惯	1. 电信间的配置方法 2. 机柜选型方法 3. 网络配线架的工作原理 4. 25 口语音配线架的工作原理 5. 大对数双绞线电缆的色序排列方法

模块	任务	职业能力	主要知识
	任务五 设 备 间 (BD)配线 设备安装	1. 能安装和抽拽线缆,会安装机架机柜、配线架、信息插座和网络设备;能使用网络测试仪对数据链路、语音链路进行测试 2. 能使用光源对光纤链路进行通断测试 3. 能依据标准、规范完成设备间标识的制作管理 4. 养成严谨细致、一丝不苟、精益求精的工匠精神,以及安全文明操作的良好工作习惯	1. 设备间的配置方法 2. 干线连接材料的配置方法 3. 110 配线架的工作原理
	任务六 进 线 间 (CD)配线 设备端接	1. 能正确识别运营商布线产品 2. 能使用 KRONE 打线工具完成 KRONE 语音配线架的端接 3. 能使用网络或语音跳线连接运营商布线设备 4. 能依据国家标准进行进线间标识管理 5. 养成严谨细致、一丝不苟、精益求精的工匠精神,以及安全文明操作的良好工作习惯	1. 进线间的位置确定方法 2. 建筑物信息网络布线系统的配线设备组成结构特点 3. 进线间的系统结构特点
	任务七 铜缆认证 测试	1. 能识别不同种类的铜缆链路 2. 能使用布线认证测试仪测试铜缆链路,并正确选择测试标准 3. 能根据不同测试标准,正确选择测试模型 4. 能独立完成链路测试,并生成测试报告 5. 能按照仪器使用说明进行操作,避免违规操作,养成安全文明的工作习惯	1. 铜缆测试链路特点 2. 设置基准的方法 3. 铜缆认证测试的方法 4. 铜缆测试设备的操作和配置 5. 铜缆测试结果导出和管理方法
	任务八 铜缆故障 分析	1. 能描述常用的铜缆认证测试参数和定义 2. 能描述常用的铜缆认证测试参数对应的故障原因 3. 能独立进行铜缆故障定位,并排除故障 4. 能按照仪器使用说明进行操作,避免违规操作,养成安全文明的工作习惯 5. 具备规范意识、安全意识、质量意识、环保意识,以及精益求精的工匠精神	1. 铜缆常见故障和特点 2. 铜缆故障的分析方式 3. 铜缆故障形成的原理 4. 铜缆故障的对应排除解决方法
模块二 建筑群 布线	任务一 建筑群子 系统的布 线安装	1. 能识别不同类型室外光缆的特性和用途 2. 能依据国家标准完成建筑群子系统中各类干线光缆布放 3. 能使用光纤熔接机等工具为多种建筑智能化系统进行光缆端接 4. 能使用标签打印机制作建筑群子系统线缆与设备标签 5. 养成严谨细致、一丝不苟、精益求精的工匠精神,以及安全文明操作的良好工作习惯	1. 建筑群子系统的结构特点 2. 建筑群子系统的缆线布放方式 3. 建筑群子系统中缆线布放位置的确定方法

模块	任务	职业能力	主要知识
	任务二 室外光缆接续盒安装	1. 能完成室外光缆接续准备 2. 能使用光纤熔接机端接室外光缆 3. 能使用螺丝刀等工具安装光缆接续盒 4. 能使用标签打印机制作光缆接续盒管理标签 5. 养成严谨细致、一丝不苟、精益求精的工匠精神,以及安全文明操作的良好工作习惯	1. 光缆接续盒的内部结构特点 2. 光缆接续盒的连接方法
	任务三 FTTH入户工程安装	1. 能使用螺丝刀等工具安装FTTH光纤到户系统中的配线设备 2. 能使用光纤熔接机等工具熔接室外光缆 3. 能使用光纤分路器连接室外光缆和入户分纤线路 4. 能使用标签打印机对壁挂式光端盒进行标签制作与管理 5. 养成严谨细致、一丝不苟、精益求精的工匠精神,以及安全文明操作的良好工作习惯	1. 光纤到用户单元(FTTH)的结构特点 2. 光纤到用户单元通信设施建设流程特点 3. 光纤到用户单元缆线与配线设备选型方法 4. 光纤冷接技术原理
	任务四 光缆认证测试	1. 能描述光纤一跳线测试、二跳线测试和三跳线测试方法模型 2. 能使用发射/接收光纤设置OTDR补偿 3. 能根据不同光纤被测链路,正确配置测试参数 4. 能独立完成链路测试,并生成测试报告 5. 能按照仪器使用说明进行操作,避免违规操作,养成安全文明的工作习惯	1. 光纤测试链路特点 2. 光纤测试方法定义 3. 设置基准和补偿的方法 4. 光纤测试设备的操作和配置 5. 光纤测试结果导出和管理方法
	任务五 光缆故障分析	1. 能描述常用的光纤认证测试参数和定义 2. 能描述常用的光纤认证测试参数对应的故障原因 3. 能描述常用的OTDR事件问题对应的故障原因 4. 能独立进行光纤故障定位,并排除故障 5. 能按照仪器使用说明进行操作,避免违规操作,养成安全文明的工作习惯	1. 光纤常见故障和特点 2. 光纤故障的分析方式 3. 光纤故障形成的原理 4. 光纤故障的对应排除解决方法
模块三 住宅信息网络组建	任务一 住宅信息网络布线	1. 能正确识别和使用皮线光缆及有线电视射频线缆 2. 能够正确选择合适的线缆进行线缆穿放 3. 能使用穿线器、钢丝等工具完成线缆的穿放并做好线缆标记操作 4. 能使用110打线刀、压线钳、凯夫拉剪刀、米勒钳等工具完成各类用户信息点及住宅信息箱内数据配线架的安装 5. 养成严谨细致、一丝不苟、精益求精的工匠精神,以及安全文明操作的良好工作习惯	1. 住宅信息网络的拓扑结构 2. 住宅信息网络的特点 3. 线缆穿引技术的要求 4. 住宅信息网络布线工艺要求 5. 光纤冷接子的特点

模块	任务	职业能力	主要知识
	任务二 住宅信息网络组网	1. 能够根据项目要求,完成宽带路由器安装和配置 2. 能够根据项目要求,完成 AC 控制器的安装与配置 3. 能使用螺丝刀等工具安装 AP,并启用 FIT 模式 4. 能够根据项目要求,使用 AC 控制器完成 AP 的配置 5. 养成严谨细致、一丝不苟、精益求精的工匠精神,以及安全文明操作的良好工作习惯	1. 住宅信息网络的组网方式 2. 住宅信息网络的组网设备及其特点 3. AC＋瘦 AP 住宅信息网络的组网方案 4. AC＋瘦 AP 组网方案的组网流程 5. 组网设备配置过程及方法
模块四 智能家居组建	任务一 智能可视对讲门禁系统安装与调试	1. 能够根据项目要求,正确进行线缆穿放 2. 能够根据设备安装要求,完成可视门口机及其周边设备的安装 3. 能够根据设备安装要求,完成可视室内主机及其周边设备的安装 4. 能根据项目要求,完成可视对讲门禁系统的配置、调试 5. 养成严谨细致、一丝不苟、精益求精的工匠精神,以及安全文明操作的良好工作习惯	1. 智能可视对讲门禁系统的概念 2. 智能可视对讲门禁系统的组成 3. 智能可视对讲门禁系统的拓扑结构 4. 智能可视对讲门禁系统的线路图识别 5. 智能可视对讲门禁系统的组建流程 6. 智能可视对讲门禁系统的配置过程及方法
	任务二 智能安防报警与监控系统安装与调试	1. 能够根据设备安装要求,合理规范地完成网络摄像机、网络硬盘录像机、门磁探测器、红外探测器、烟感探测器、紧急按钮的安装 2. 能够根据项目需求,完成网络摄像机、网络硬盘录像机的配置 3. 能够根据项目需求,完成安全防范系统的配置 4. 养成严谨细致、一丝不苟、精益求精的工匠精神,以及安全文明操作的良好工作习惯	1. 智能安防报警与监控系统的概念 2. 智能安防报警与监控系统的组成 3. 智能安防报警与监控系统的拓扑结构 4. 智能安防报警与监控系统的组建流程 5. 智能安防报警与监控系统的配置过程及方法
模块五 信息网络布线项目管理	任务一 项目需求分析	1. 能根据项目需求与客户进行有效沟通,与团队成员进行口头和书面交流 2. 能根据项目需求确定信息点位置和数量,并合理分配 3. 能根据项目需求完成项目需求分析文件 4. 养成严谨细致、一丝不苟、精益求精的工匠精神和良好的工作习惯	1. 项目需求分析的必要性 2. 信息网络布线项目需求分析的要素和主要方法 3. 项目需求分析报告的编写要求和主要内容

模块	任务	职业能力	主要知识
	任务二 项目方案 设计	1. 能根据客户需求和标准规范制定合理的设计方案 2. 能根据项目需求和设计规范,编制信息点点数统计表、端口分配表和材料统计表 3. 能根据综合布线系统七大子系统,规划设计楼宇信息网络布线系统的系统图,绘制施工图纸 4. 养成严谨细致、一丝不苟、精益求精的工匠精神和良好的工作习惯	1. 项目设计方案的要素和内容 2. 主干线路选型的原则 3. 布线系统原理图和施工深化图纸的设计要求 4. 布线系统原理图和施工深化图纸的绘制方法
	任务三 项目施工 管理	1. 能选择合适的工具进行施工,安全操作 2. 能根据项目需求和工期计划制定施工计划 3. 能根据施工进度填写施工日志,对施工过程进行管理 4. 养成严谨细致、一丝不苟、精益求精的工匠精神,以及安全文明操作的良好工作习惯	1. 项目管理的内涵和流程 2. 项目施工计划的内容和要求 3. 项目施工日志包括的要素
	任务四 项目验收	1. 能够进行测试数据结果管理 2. 能够按照验收标准进行工程验收 3. 能够进行结项汇报并准确回答提问 4. 养成严谨细致、一丝不苟、精益求精的工匠精神,以及安全文明操作的良好工作习惯	1. 项目验收的意义和目标 2. 项目验收的流程 3. 竣工资料验收的要求

教材编写说明

　　《信息网络布线》世赛项目转化教材是上海电子信息职业技术学院联合行业专家,按照市教委教学研究室世赛项目转化教材研究团队提出的总体编写理念、教材结构设计要求,共同完成编写。本书可作为计算机网络类、通信类等专业的拓展和补充教材,在专业综合实训和顶岗实习的教学中使用,也可作为相关专业行业职工技能培训教材,以及信息网络布线等竞赛项目的训练指导书。

　　本书由上海电子信息职业技术学院贾璐、彭雪海担任主编,负责教材内容框架设计、数字资源开发,教材具体编写分工:贾璐、彭雪海编写模块一(任务一—任务六)、模块二(任务一—任务三),上海朗坤信息系统有限公司潘凯恩编写模块一(任务七、任务八)、模块二(任务四—任务五),彭雪海编写模块三,上海电子信息职业技术学院熊磊编写模块四,上海电子信息职业技术学院包晓蕾编写模块五。全书由贾璐、彭雪海统稿。

　　在编写过程中,得到上海市教委教研室谭移民老师的悉心指导,以及世界技能大赛信息网络布线赛项中国专家组组长卢勤教授、第 46 届世界技能大赛信息网络布线赛项银牌获得者韦国发、上海沃力网络系统集成有限公司技术总监项烨、福禄克测试仪器(上海)有限公司技术总监尹岗等多位专家鼎力支持,广东唯康教育科技股份有限公司、黄翀慧、李铭老师提供材料收集、照片视频拍摄帮助,在此一并表示衷心感谢。

　　欢迎广大师生、读者提出宝贵意见和建议。